浙江智库
ZHEJIANG
THINK TANK

绿水青山就是金山银山

丽水样本

刘克勤 代琳 等 著

中国社会科学出版社

图书在版编目（CIP）数据

绿水青山就是金山银山：丽水样本 / 刘克勤等著. --
北京 ：中国社会科学出版社，2024. 9. -- ISBN 978-7
-5227-3992-2

Ⅰ. X321.255.3

中国国家版本馆 CIP 数据核字第 20249UQ725 号

出 版 人	赵剑英	
责任编辑	喻　苗	
责任校对	胡新芳	
责任印制	王　超	

出　　版	中国社会科学出版社	
社　　址	北京鼓楼西大街甲 158 号	
邮　　编	100720	
网　　址	http://www.csspw.cn	
发 行 部	010 - 84083685	
门 市 部	010 - 84029450	
经　　销	新华书店及其他书店	

印　　刷	北京君升印刷有限公司	
装　　订	廊坊市广阳区广增装订厂	
版　　次	2024 年 9 月第 1 版	
印　　次	2024 年 9 月第 1 次印刷	

开　　本	710×1000　1/16	
印　　张	17.25	
字　　数	265 千字	
定　　价	89.00 元	

凡购买中国社会科学出版社图书，如有质量问题请与本社营销中心联系调换
电话：010 - 84083683

编委会名单

序　言

　　丽水是"绿水青山就是金山银山"理念的重要萌发地和先行实践地。为深入贯彻落实习近平生态文明思想，进一步研究弘扬"绿水青山就是金山银山"发展理念，中共丽水市委宣传部、丽水市发展和改革委员会、中国（丽水）两山研究院联合组织研究团队，开展"绿水青山就是金山银山"创新实践的丽水样本攻关。

　　2019 年 1 月，国家长江办正式发文支持丽水成为全国首个生态产品价值实现机制试点市。自试点市建设以来，经过不断的锐意探索和改革推进，浙江省丽水市作为全国首个生态产品价值实现机制改革工作的"开路先锋"和"破障尖兵"，阶段性完成了国家交办的改革试点工作任务，围绕生态产品价值核算评估和应用体系、生态产品价值实现制度体系，开辟了多条可示范、可复制、可推广的生态产品价值实现路径。其取得的阶段性显著成果和有效经验，在中央深改委第十八次会议上得到了全面肯定，丽水试点的研究经验内容被中办、国办《关于建立健全生态产品价值实现机制的意见》充分吸收。2021 年 5 月，国家发改委在丽水市组织召开全国生态产品价值实现机制试点示范现场会，对丽水在推动生态产品价值实现机制试点过程中取得的成绩给予了充分肯定，大会支持并同意丽水市开展生态产品价值实现机制先验示范区建设。丽水市委四届十次全会在新的形势和工作任务起点上，顺势而为做出进一步全面推进生态产品价值实现机制示范区建设的决定，全方位、立体化推动生态产品价值实现改革从先行试点迈向先验示范。生态产品价值实现机制改革已经成为丽水改革发展的

一张闪亮"金名片"。

按照习近平总书记的部署和要求，丽水坚定不移保护绿水青山这个"金饭碗"，积极探索和贯彻落实"政府主导、企业和社会各界参与、市场化运作的生态产品价值实现路径"，围绕产业生态化和生态产业化不断探索"可复制、可推广、可落地"的生态产品价值实现路径，全方位、立体化纵深推进 GEP 和 GDP 实现双增长、双转化、可循环、可持续。生态产品价值实现的"丽水经验"和"丽水模式"代表了新时代中国山区绿色发展的新进展和新成果，绘就人与自然和谐共生的"丽水画卷"，全面展示了中国特色社会主义制度的文明取向与时代价值，为推进世界山区绿色发展与人类命运共同体建设贡献了中国方案和东方智慧。

生态产品机制实现机制创新试点最重要的任务是点绿成金共富路径拓展与机制创新。

2022 年浙江省第十五次党代会胜利召开，这是浙江省迈入高水平全面建设社会主义现代化、高质量发展建设共同富裕示范区新征程的一次重要历史会议。丽水市作为浙江省推进"两个先行"打造共同富裕示范区必不可少的重要组成部分，积极探索生态产品价值实现机制，奋力打通"绿水青山就是金山银山"转化通道，在生态产品价值实现机制试点示范中开展了诸多实践，取得了较多经验。丽水的模式就是"红绿金融合发展的革命老区共同富裕先行示范"模式。丽水作为浙西南革命根据地、"绿水青山就是金山银山"理念的重要萌发地和先行实践地、"丽水之赞"的光荣赋予地，近年来坚毅笃行"丽水之干"，紧紧围绕生态优先和绿色发展的原则，积极探索和挖掘绿水青山所蕴含的深厚生态产品价值，全力拓展生态价值转化成金山银山的路径和机制，并以生态产品价值实现机制改革为契机，全方位、多维度推动高质量绿色发展，成为展示生态文明建设成效与模式经验的"重要窗口"，奋力争当革命老区"生态＋"共同富裕先行区。

丽水市生态产品价值实现助力共同富裕建设的成效与做法如下。

一是 GEP 和 GDP 双增长，"绿水青山就是金山银山"转化稳中有升。GDP 和 GEP 实现双增长，GEP 向 GDP 转化率进一步提高。2019 年和 2020

年，丽水市地区生产总值增速连续两年超过8%，均高于"十三五"时期平均增速。丽水市GEP从2018年的5024.46亿元增长到2019年的5314.43亿元，增幅5.77%。在GDP和GEP双增长的同时，GEP向GDP转化率（GDP/GEP）同样稳中有升，由2018年的27.76%增长至2019年的31.93%。"绿水青山就是金山银山"转化率的提升，表明生态系统生产总值在地区生产总值中的比例越来越高，越来越多"绿水青山"的生态价值成功转化为"金山银山"的经济价值。这既是丽水坚持绿色生态发展综合成效的体现，也是丽水探索生态产品价值实现机制改革取得阶段成效的体现。

二是生态产品价值实现机制改革由先行试点迈向先验示范。丽水市出台了全国首个市级《生态产品价值核算技术办法（试行）》和《生态产品价值核算指南》地方标准，在总结"丽水经验"的基础上，积极参与浙江省《陆域生态系统生产总值核算技术规范》和国家《生态产品总值核算规范（试行）》标准制定工作；全面推进自然资源资产产权制度改革，建立健全生态产品市场交易平台，创新生态产品价格形成机制；建立了具有丽水特色的生态信用制度体系，并不断创新生态产品价值实现的绿色金融产品；坚持"双跨融合"导向，推动生态产品价值实现机制改革和数字化改革有机结合，数字化赋能助力生态产品价值实现。

三是构建领先全国的培育生态产品的市场交易体系。丽水市全面推进生态产品供给主体和市场交易主体培育，以重组的新华东林交所、生态资源资产经营管理平台（"两山合作社"）、生态强村公司等为载体和基础，建设区域性生态产品交易中心平台；开展以林权为引领的生态资产产权交易、以生态农林产品为主的物质供给类生态产品交易和以碳汇交易为主的生态资源权益交易；深入推进农村金融改革，创建国家级普惠金融服务乡村振兴改革试验区；成立"两山基金"，印发《关于金融助推全面生态产品价值实现的指导意见》《2020年丽水银行业保险业深化"两山金融"助推生态产品价值实现工作要点》等文件，持续创新以"生态贷""GEP贷"等为代表的"三贷一卡一行一站"等金融产品和主体，实现GEP可

质押、可变现、可融资，全面创新"绿色金融＋生态产品价值实现"，助推共同富裕建设。

四是领路创新多条示范全国的生态产品价值实现产业体系。立足生态优势，以品质化升级、品牌化赋能、标准化发展为导向，全力推动农业经济效益倍增，产品平均溢价率达30％以上。积极培育和引进数字经济、健康医药、半导体全链条等环境敏感型产业，推动生态优势转化为产业优势。探索推进旅游化的生态产品价值转化机制，促进旅游发展与生态保护双向赋能。2021年，在全国新冠疫情影响的背景下，以"丽水山景""丽水山居"为代表的丽水市乡村旅游产业逆势发展，全年接待游客2661万人次，实现营收25亿元。以"丽水山耕""丽水山景""丽水山居""丽水山泉"为代表的"山"字系区域公用品牌带动丽水生态特色产业蓬勃发展，成为践行"绿水青山就是金山银山"理念的创新实践。2023年，丽水市生产总值达到1964.4亿元，比上年增长7.5％，农村居民收入增幅连续15年位居全省第一。丽水在探索生态产品价值实现机制助力共同富裕道路上为全国提供了样板和模式。

丽水市当前生态产品价值实现机制试点存在以下问题。

一是物质供给产品的价值实现较多，调节服务产品的价值实现相对少。经核算，物质类占比在3.2％左右，调节服务类占72％左右，文化服务类占24％左右。显然，调节服务产品是生态产品价值实现的重点。我们分析得出的结论是，生态产品价值实现中物质供给产品和文化服务产品价值实现上取得了优异的成绩，以市农投集团等为代表的企业成功打造了"丽水山耕""丽水山居""丽水山泉"等"山"字品牌。而作为占比最大的调节服务类产品的价值实现相对较少，转化效率也较低，这是政府主导价值实现的关键领域，需要进一步拓宽转化路径。

二是生态产品价值核算存在严重的年季时间滞后性。由于生态系统不同于经济系统，生态产品有附载价值和激励价值等特殊性，仅用经济学方法对生态系统进行核算往往很难及时和准确地反映其价值。目前，生态产品价值核算技术体系和结果公布往往滞后1.5年（18个月）左右，尽管国家发改委、国家统计局开始使用 GEP 核算规范，但尚未建立科学规范的 GEP 核算统计报表制度。同时，在标准化的数据收集、归纳、统计等方面尚未形成体系，这都造成核算结果及公布存在延迟。小单元区域范围的"项目级 GEP"核算办法和制度体系有待加强。

三是部分生态产品价值实现方法有待进一步探索。土壤保持、洪水调蓄、空气净化等调节服务产品本质上是一种公共产品，具有非竞争性、非排他性的特点，目前通过市场机制实现价值的方法还有待进一步加强。当前，丽水市林业碳汇效益未从国际国内森林方法学维度充分挖掘，造成丽水市出现森林蓄积量全省最高，但可供交易的碳汇量"有限"的困局。同时，目前全国尚未建立自愿减排机制，浙江省自愿减排交易市场还处于谋划阶段，丽水市在探索建立林业碳汇交易市场方面缺乏相应的制度和政策依据。

四是碳排放权交易、用能权交易、排污权交易、水权交易、碳汇交易等市场交易体系有待建立与健全。生态环境方面的市场交易制度建设需要理论指导、顶层设计和法律支撑，但目前我国生态产权交易立法仍滞后于交易实践，明确权属、摸清底数、查清边界、发放权属证、确定经营管理模式等方面的政策尚不完善。同时，缺乏生态产品市场化交易的法律支撑，生态产品在收储、确权、招商运营、市场化交易、开发保护等过程中仍有许多"瓶颈"需要加快突破。

五是社会资本参与生态产品价值实现的积极性有待提高。生态产品价值实现需要各利益相关方如社会公众、公益组织、企业和政府部门的共同参与，特别是社会资本参与生态产品价值实现的积极性有待提高。"两山合作社"和"强村公司"等市场化平台和主体的功能及发展有待进一步培育和强化。因生态补偿机制不健全，浙江省存在瓯江全流域上下游（丽水—温州）补偿机制尚未真正建立等问题，需要省级层面协调，给出政策。同时，我们发现它还存在因缺乏统一、规范和市场化认可的全国统一的价值核算评估标准，基于 GEP 核算的生态产品在跨区域间进行交易探索难以推进的问题，需要在各上级部门的支持下出台试点性规定。

丽水市创新生态产品价值实现机制可采取以下对策建议。

一是国家和省级层面进一步加强对丽水市生态产品价值实现试点工作的指导和政策激励。建议国家和省级各有关部门加强工作指导和顶层设计，特别是在生态占补平衡交易、生态产品市场化交易等方面出台政策支持和顶层设计，充分调动各地保护和改善生态环境的积极性。积极对接省级相关部门重点研究支持丽水与温州建立瓯江全流域生态保护补偿机制，推动瓯江下游地区对上游地区跨区域生态补偿制度的衔接。

二是全面加快完善生态产品市场交易制度。建议国家和省级层面综合考虑各地的 GDP 和 GEP 资源禀赋，制定统一的管控政策，通过配额交易、生态要素占补平衡等形式，促进生态产品价值的实现；加快制定鼓励政府购买、企业购买、个人购买生态产品的制度，健全法律法规、绿色产品和服务的标准化体系、标识认证体系。重点加强"两山合作社"和"强村公司"作为生态产品市场化交易平台和主体的建设，进一步完善相关配套制度体系和市场化运营机制。

三是加快推进各项自然资源产权制度改革。研究完善各生态产权登记、收储、评估、交易、流转等配套制度，建立归属清晰、权责明确、保护严格、流转顺畅、监管有效的自然资源资产产权制度和清单列表。同时，创新相关财政金融制度，通过风险补偿金、生态担保基金、生态保险、绿色金融等方式，完善相关风险分担机制，提高金融机构创新改革积极性。

四是全面推进 GEP 统计报表制度建设和项目级 GEP 核算。加快推进和建立健全 GEP 统计报表制度，针对指标体系构建季度、年度的分类动态更新和统计发布体系，及时跟踪和反映 GEP 动态变化，做好决策辅助支撑。构建和运用关键自平衡点"GEDP"作为区域性项目发展建设路径的核心载体，全面开展小单元区域范围的"项目级 GEP"核算办法和制度体系研究。

五是国家层面尽快适时重启 CCER（国家核证自愿减排量）。在现有方法学基础上进一步优化核算方法和认证程序，降低自愿减排交易政策成本和技术成本；探索开展国家公园保护、森防碳汇、天然林次生林经营、湿地和草地碳汇等契合方法学研究；研究制定森林存量补贴，针对以丽水为代表的碳储量巨大的生态功能地区，以亩均固碳量为依据给予生态补偿，构建新的生态产品价值转化和经济增长点。

接下来，丽水市将重点围绕"红绿金"三色抓贯彻落实，争取做好革命老区共同富裕的先行示范区建设服务。

红色，即坚决守好"红色根脉"。围绕浙江省党代会赋予丽水创建革命老区共同富裕先行示范区这一全新的使命任务，抢抓机遇、乘势而上，切实把中央和省委对革命老区振兴发展的关心和支持转化为实现革命老区共同富裕的强大动能，努力在全国重点革命老区实现共同富裕上先行探路、走在前列、成为示范。

绿色，即坚持走绿色发展道路，全面贯彻落实"绿水青山就是金山银山"发展理念。以打造新时代生态文明建设典范为目标，坚定不移保护绿水青山这个"金饭碗"，建设人与自然和谐共生的生态家园、生产生活生态的品质花园、高质量绿色发展的活力花园，使"绿水青山就是金山银山"理念在丽水绽放出更加艳丽的理论之花，结出更加丰硕的实践之果。

金色，即努力打造金色"新增长极"。围绕打造浙江省新发展格局中的新增长极目标，以做强中心城市来建造区域增长极的"火车头"，以创新引领来构建区域增长极的"强引擎"，以壮大生态工业来增强区域增长极的"动力源"，努力走出一条具有鲜明丽水特色的山区跨越式高质量绿色发展的新路子。

未来五年，丽水市将以永做新时代"挺进师"的奋进姿态，不断砥砺"忠诚使命、求是挺进、植根人民"的精神意志，形成全市干部群众积极参与、气势如虹的全"丽水之干"，一步一个脚印推动社会主义现代化新丽水建设迈出新的步伐、取得新的进展，努力以丽水一域贡献为全省"两个先行"大局增光添彩。

具体而言，是在生态、生产、生活三个层面实现"三个跃迁"。在生态层面，实现从生态保护到价值转化跃迁。对标世界一流，以顶格标准保

护生态环境，加快创成国家公园，努力创建中国碳中和先行区和全国生物多样性保护引领区，全面建设诗画浙江大花园最美核心区。同时，进一步推动生态产品价值实现机制改革从丽水"先行试点"迈向全国"先验示范"，更大程度上推动生态产品价值倍增、高效转化、充分释放。

在生产层面，实现从要素驱动到创新驱动跃迁。坚定不移把创新置于现代化建设全局的核心位置，以"双招双引"战略性先导工程为牵引，全面实施人才科技强市战略和新一轮人才科技新政，以产业定位科技、以科技索引人才，实现创新链产业链融合共生，推动主要创新指标实现"十翻番十突破"，基本建成浙西南科创中心，打造区域竞争格局的新优势。

在生活层面，实现从全面小康到共同富裕跃迁。以解决三大差距问题为主攻方向，积极探索符合山区实际的新型城镇化和乡村振兴之路，组织实施"扩中""提低"专项行动，扎实做好普惠性、基础性、兜底性民生工程，使改革发展的成果和红利能够更多更公平地惠及全体人民，全面推动区域发展、城乡发展更加协调均衡和可持续，努力推动人的全面发展、社会的全面进步。

生态产品价值实现的重要任务将从产品直供跨越到模式创供。丽水市委四届十二次全体（扩大）会议要求：推动生态产品价值实现机制试点从产品直供向模式输出跨越。要以率先建设生态产品价值实现示范区为推动，全面贯彻党的生态文明建设新理念新要求，做到加强顶层设计与鼓励基层创新并重，深入推进生态文明建设各领域改革，在机制创新、功能拓展、路径拓宽、标准创设等各方面先行先试，使丽水不仅能够提供更多优质生态产品，更能创造和输出更多新时代生态文明建设的"丽水模式"。

所以，我们研究团队重点围绕绿水青山就是金山银山的路径拓宽、机制创新、功能拓展、标准创设、司法护航、文化赋能等核心问题开展研究，总结丽水的鲜活实践经验，创供模式。

丽水模式，即政府主导、企业和社会各界参与、市场化运作的生态产品可持续发展模式，即生态＋跨越式发展的革命老区共同富裕先行区模式。

生态是丽水最大的优势，发展是丽水最重要的任务。我们要走高质量绿色发展道路，即绿水青山就是金山银山发展道路，通过"产业生态化、生态产业化"实现路径，GEP、GDP 双考核、双转化，达到可持续、可循环的目标。GEP 与 GDP 双转化，需要找到自平衡点 GEDP，把盈余和增量部分有效转化。其前提是科学核算，度量生态系统的总值，然后是科学转化，以生态资产确权和本底调查、市场化交易为核心平台，争取生态产品的可循环与可持续发展。

是为序。

刘克勤

2024 年 5 月 1 日写于正达阳光城

目录

Contents

第一部分 绿水青山就是金山银山：路径拓宽

第一章 生态产品价值实现：背景回顾 ·············· (4)

第一节 丽水市生态环境概况 ·············· (4)

第二节 "绿水青山就是金山银山"理念引领生态文明建设 ·········· (5)

第三节 丽水生态文明建设进程 ·············· (6)

第二章 生态产品价值实现："瓶颈"问题 ·············· (9)

第一节 生态产品价值实现存在的难点 ·············· (10)

第二节 生态产品价值实现面临的问题 ·············· (11)

第三章 生态产品价值实现：路径选择 ·············· (13)

第一节 生态产品价值实现：政府主导路径 ·············· (13)

第二节 生态产品价值实现：市场开发途径 ·············· (14)

第三节 生态产品价值实现："政府＋市场"路径 ·········· (16)

第四章 生态产品价值实现：支撑体系建设 ·············· (17)

第一节 建立生态资源产权制度 ·············· (17)

第二节 建立生态价值核算制度 ·············· (18)

第三节 培育生态产品市场体系 ·············· (19)

第四节 强化技术智力支撑体系 ·············· (21)

第五章 生态产品价值实现：经典路径案例 ……………… （23）

第一节 "山"系品牌打造：赋能产业溢价增值

　　　　——丽水建立"山"字系区域公共品牌 ……… （23）

第二节 数字化赋能：护航天生丽质向治理提质

　　　　——建立"天眼＋地眼＋人眼"多维协同数字化体系 …… （31）

第三节 深耕畲乡风情：厚植生态底色，打造多彩花园

　　　　——轻"畲"产业探索生态产品价值转化路径 ………… （34）

小 结 ……………………………………………………… （38）

第二部分 绿水青山就是金山银山：机制创新

第一章 生态产品价值调查监测机制 …………………… （43）

第一节 开展生态产品信息普查 …………………… （43）

第二节 推进自然资源确权登记 …………………… （44）

第二章 生态产品价值评价核算机制 …………………… （46）

第一节 建立生态产品价值评价体系 …………………… （46）

第二节 推动生态产品价值核算结果运用 …………………… （47）

第三章 生态产品价值经营开发机制 …………………… （50）

第一节 推进生态产品供需精准对接 …………………… （50）

第二节 拓展生态产品价值实现模式 …………………… （51）

第三节 促进生态产品的价值增值 …………………… （56）

第四节 推进生态资源权益交易 …………………… （58）

第四章 生态产品保护补偿机制 …………………… （60）

第一节 完善纵向生态补偿制度 …………………… （60）

第二节 建立横向生态补偿机制 …………………… （61）

第三节　健全生态环境损害赔偿制度 ·············· （63）

第五章　生态产品价值实现保障机制 ·············· （65）
第一节　建立生态产品价值考核机制 ·············· （65）
第二节　建立生态环境保护利益导向机制 ·············· （66）

第六章　生态产品价值实现的推进机制 ·············· （71）
第一节　有序推进生态产品价值实现试点示范 ·············· （71）
第二节　强化智力支撑 ·············· （72）
第三节　强化考核督促 ·············· （72）

小　结 ·············· （74）

第三部分　绿水青山就是金山银山：模式输出

第一章　生态产品价值实现标准模式：山水林田湖草
　　　　沙冰是生命共同体 ·············· （77）
第一节　人与自然是生命共同体 ·············· （77）
第二节　人与自然的物质变化与能量流动 ·············· （79）
第三节　山水林田湖草沙冰系统治理 ·············· （80）

第二章　生态产品价值实现非标模式：五大生态功能屏障区 ·············· （82）
第一节　绿色屏障建设重点问题 ·············· （82）
第二节　丽水绿色屏障建设 ·············· （83）

第三章　生态产品价值实现典型模式：绿水青山就是金山银山 ······ （85）
第一节　丽水之赞 ·············· （85）
第二节　丽水色彩 ·············· （86）
第三节　丽水典范 ·············· （87）

第四章　生态产品价值实现推广模式：双转化的自平衡点 GEDP … （89）

　第一节　浙江模式 …………………………………………… （89）

　第二节　丽水模式 …………………………………………… （90）

　第三节　推广模式 …………………………………………… （91）

第五章　生态产品价值实现乡镇模式：人与自然的能量传递要素 … （93）

　第一节　强村公司是平台 …………………………………… （93）

　第二节　生态信用是关键 …………………………………… （95）

　第三节　绿色金融是保障 …………………………………… （98）

　第四节　价值核算是前提 …………………………………… （99）

　第五节　特色产业是重点 …………………………………… （101）

　第六节　政府购买是基础 …………………………………… （101）

　第七节　农村电商是纽带 …………………………………… （102）

　第八节　交通物流是支撑 …………………………………… （103）

第六章　展望：共同富裕美好社会生态产品价值实现模式 ………… （104）

　第一节　指导思想 …………………………………………… （104）

　第二节　未来模式 …………………………………………… （105）

第四部分　生态产品价值实现：功能拓展

第一章　生态产品价值与交易 ……………………………………… （111）

　第一节　生态产品及其类型 ………………………………… （111）

　第二节　生态产品价值 ……………………………………… （113）

　第三节　生态产品价值的转化路径 ………………………… （114）

　第四节　生态产品交易状况 ………………………………… （117）

第二章　碳交易 ……………………………………………………… （118）

　第一节　碳达峰、碳中和进展 ……………………………… （118）

第二节 碳排放权交易 …………………………………… (123)

第三节 林业碳汇交易 …………………………………… (125)

第四节 区域碳交易市场试点建议 ……………………… (127)

第三章 用能权交易 …………………………………… (129)

第一节 用能权 …………………………………………… (129)

第二节 用能权交易制度 ………………………………… (130)

第三节 用能权交易试点现状 …………………………… (132)

第四章 水权交易 ……………………………………… (133)

第一节 水权的概念及特征 ……………………………… (133)

第二节 水权交易 ………………………………………… (134)

第三节 水权交易实践 …………………………………… (138)

第四节 水生态补偿 ……………………………………… (139)

第五章 排污权交易 …………………………………… (141)

第一节 排污权概念及特征 ……………………………… (141)

第二节 排污权交易制度建设 …………………………… (142)

小 结 …………………………………………………… (145)

第五部分 绿水青山就是金山银山：标准创设

第一章 标准化建设的必要性 ………………………… (153)

第一节 生态文明建设的内在要求 ……………………… (153)

第二节 打开"绿水青山就是金山银山"通道的现实途径 ……… (154)

第三节 实施乡村振兴战略的有力保障 ………………… (154)

第四节 生态产品价值实现的现实需求 ………………… (155)

第二章　国内外生态产品标准化发展现状 ························ （156）

第一节　国内标准化发展概述 ···························· （156）

第二节　国外标准化发展概述 ···························· （160）

第三节　存在的不足 ·································· （162）

第三章　丽水市生态产品价值实现标准化体系建设 ··············· （163）

第一节　构建生态产品价值实现标准体系 ······················ （164）

第二节　优化生态产品价值实现标准供给 ······················ （168）

第四章　丽水市生态产品价值实现标准化成效 ················· （171）

第一节　金融赋值＋生态信用标准化建设 ······················ （171）

第二节　产业培育＋协同发展标准化建设 ······················ （172）

第三节　品牌建设＋生态溢价标准化建设 ······················ （172）

第四节　两山智库＋人才聚集标准化建设 ······················ （173）

第五章　未来展望 ································· （174）

第一节　强化生态产品价值实现机制示范区标准引领 ·············· （174）

第二节　加强生态环境保护提升标准化建设 ··················· （175）

第三节　着力推动科技成果向标准转化 ······················· （175）

第四节　推进城乡融合发展 ····························· （175）

第五节　推进生态农业标准化提升 ························· （176）

第六节　助推山海协作工程升级建设 ······················· （176）

第七节　助推中国碳中和先行区标准化建设 ··················· （176）

小　结 ·· （178）

第六部分　绿水青山就是金山银山：司法护航

第一章　生态产品价值实现法治建设的内涵及重要意义 ············ （183）

第一节　生态产品价值实现法治建设相关概念界定 ·············· （183）

第二节　生态产品价值实现法治建设的重要意义 ……………………（185）

第二章　生态产品价值实现法治建设的理论来源 …………………（187）

第一节　马克思主义经典作家的相关论述 ……………………（187）

第二节　中国的社会主义生态文明建设 ………………………（188）

第三章　生态产品价值实现法治建设存在的主要问题及其原因 ……（191）

第一节　生态保护修复需要系统化推进 ………………………（191）

第二节　生态环境资源审判工作机制仍有待完善 ……………（191）

第三节　生态环境资源审判力量仍有待增强 …………………（191）

第四节　生态环境多元共治体系仍有待加强 …………………（192）

第四章　生态产品价值实现法治建设的基本路径 …………………（193）

第一节　系统化谋划——构建"预防＋修复＋监督"生态
保护闭环 ………………………………………………（193）

第二节　制度化推进——完善生态环境资源审判工作机制 …（193）

第三节　专业化运作——增强生态环境资源审判力量 ………（194）

第四节　协同化共治——共建"风清气正"美丽浙江 ………（194）

第五节　全民化普及——营造全民守法护绿浓厚氛围 ………（194）

第五章　生态产品价值实现法治建设的丽水探索 …………………（195）

第一节　严厉打击生态环境资源损害违法犯罪行为 …………（195）

第二节　森林资源民事纠纷案灵活审理 ………………………（196）

第三节　多元主体共治生态环境污染 …………………………（197）

第四节　GEP 核算结果首次在司法应用 ………………………（198）

第五节　严格落实耕地保护政策 ………………………………（199）

第六节　补植复绿修复生态环境 ………………………………（200）

小　结 ……………………………………………………………………（202）

第七部分　绿水青山就是金山银山：文化赋能

第一章　生态产品价值实现与文化赋能 ………………………………（205）

第一节　文化赋能的科学内涵 ……………………………………………（205）

第二节　基于生态产品价值实现的文化赋能分类 ………………………（210）

第二章　文化赋能的理论基础与价值维度 ……………………………（217）

第一节　价值论、系统论和民生论 ………………………………………（217）

第二节　新发展理念、"绿水青山就是金山银山"理念和

　　　　共同富裕思想 …………………………………………………（219）

第三节　文化赋能的价值维度 ……………………………………………（220）

第三章　农业文化赋能的路径分析 ……………………………………（222）

第一节　基于农业文化赋能的产品竞争力提升路径 ……………………（222）

第二节　基于农业文化赋能的生态产品价值实现路径 …………………（225）

第三节　从农业文化到生态文明：基于丽水经验 ………………………（226）

第四节　生态产品文化价值：旅游价值量核算与转化 …………………（229）

第四章　基于文化赋能的生态产品价值实现丽水样本 ………………（231）

第一节　云和：梯田文化 …………………………………………………（231）

第二节　龙泉：水文化 ……………………………………………………（233）

第三节　松阳：茶文化 ……………………………………………………（235）

第四节　庆元：香菇文化 …………………………………………………（237）

第五节　青田：石文化 ……………………………………………………（238）

小　结 ……………………………………………………………………（241）

参考文献 …………………………………………………………………（242）

后　记 ……………………………………………………………………（252）

第一部分
绿水青山就是金山银山：路径拓宽

自 2010 年《全国主体功能区规划》（国发〔2010〕46 号）文件中首次提出生态产品概念，随着我国生态文明建设进程的全面推进和逐步深入，积极探索和构建生态产品价值实现机制成为践行"绿水青山就是金山银山"理念的重要载体和实践路径。如何平衡经济发展与生态保护间的关系，探索生态本身就是经济以及经济发展生态化的内在逻辑关系，架起"绿水青山"与"金山银山"之间转化的桥梁，也成为解决当前社会主要矛盾的重要任务之一。加快创新生态产品价值的转化路径和实现模式，推动高质量绿色发展和进一步挖掘与补充生态产品的有效供给，有利于实现生态资源禀赋的本底优势向绿色发展的优势转变，进而通过绿色产业实现富民增收。同时，在新时代背景下，不断强化生态产品价值的"分量"，对于全面推动产业形态向绿色发展方式转型具有显著意义和作用。

习近平总书记指出："要积极探索推广绿水青山转化为金山银山的路径，选择具备条件的地区开展生态产品价值实现机制试点，探索政府主导、企业和社会各界参与、市场化运作、可持续的生态产品价值实现路径。"近年来，以生态产品价值实现改革和探索的试验区和先行区在我国的生态资源禀赋优势区域先后启动和建立，以福建、海南、浙江、江西等省份为代表的区域也同步围绕生态产品价值实现的有效转化，全方位、立体化、深层次地开展试点探索工作。2021 年 4 月，中共中央办公厅、国务院办公厅印发了《关于建立健全生态产品价值实现机制的意见》。文件明确指出，生态产品价值实现的内在逻辑即推动生态产业化和产业生态化，其核心作用是搭建绿水青山向金山银山转化的有效载体和现实路径通道，通过体制、机制、制度创新不断深入挖掘绿水青山蕴含的生态系统服务价值，并围绕路径开发和转化进一步将其生态系统服务的增量价值和盈余价值转化为金山银山，进而保障和促进产业经济发展的同时还能进一步保障人民群众对于美好生态环境的需求。生态产品价值实现机制改革和系统化路径开发，是新时代背景和新发展理念下全面贯彻落实习近平生态文明思想的重要举措，同时也是践行"绿水青山就是金山银山"理念的关键现实路径，对于推动国家整体生态环境领域的高质量综合治理水平和治理体系的全面提升，以及全面推进经济社会和产业提质升级，促进人与自然和谐共生的中国式现代化进程具有重要理论意义和现实意义。

生态产品价值实现：背景回顾

第一节 丽水市生态环境概况

浙江省丽水市位于省域西南部，是省辖陆地面积最大的地级市（约占全省的 1/60，全国的 1/600），市域总面积 1.73 万平方公里，设有 1 个市辖区、7 个县和代管 1 县级市。作为浙江大花园最美核心区和华东地区重要的生态屏障，山是江浙之巅，水是六江之源，全市辖境地貌特征为"九山半水半分田"，森林覆盖率高达 81.7%，空气中负氧离子平均浓度为 3000 个/立方厘米，是全国空气质量十佳城市中唯一的非沿海、低海拔城市，素有"中国生态第一市"和"中国长寿之乡"的美誉。丽水犹如一个色彩斑斓的童话世界，是华东地区名副其实的动植物摇篮和生物多样性基因库，也是全国 32 个陆地生物多样性保护优先区之一，是浙江省唯一生物多样性保护试点市。已知植物 3546 种，其中国家重点保护野生植物 378 种，全球仅存 3 棵野生的被称为"植物活化石"的百山祖冷杉，就生长在这里。现有野生动物 2618 种，总类约占全省的 2/3。如瓯江小鳔鮈、丽水吉松叶蜂、百山祖角蟾、百山祖老伞、小老伞、百山祖狭摇蚊、斑环狭摇蚊、景宁青冈、仙霞岭大戟等新物种的发现，不断丰富与拓展生物多样性。这些新物种的发现再一次证明了丽水生物多样性的丰富性和独特性。

丽水还是世界人工栽培香菇的发祥地，距今已有 800 多年历史，已知大型真菌 800 种以上，可食用菌菇 281 种，药用 43 种，国务院发展研究中心授予其"世界人工栽培香菇历史最早"的中华之最。丽水拥有长三角地区最优质的水资源，全域 I、II 类水占比高达 94%，在全国 333 个地级以上城市地表水水质排名中名列前茅。降水丰沛、雨热同步、垂直气候，是全国唯一的"中国气候养生之乡"和全国唯一的"中国天然氧吧"全覆盖市，还是全国唯一一个荣获"中国长寿之乡"称号的地级市，人均期望寿命81.6岁（2022年数据），与排名第17的新西兰相同，比奥地利、爱尔兰、英国、比利时、芬兰、葡萄牙、德国等欧洲国家都要高（世界卫生组织，2019年度报告）。

第二节 "绿水青山就是金山银山"理念引领生态文明建设

习近平总书记在浙江工作期间，便创造性地提出"绿水青山就是金山银山"的重要科学论断。"绿水青山就是金山银山"理念是新时代经济社会和生态文化如何发展，以及怎样发展的宏观指引和细致刻画。早在2013年，习近平总书记即对"绿水青山"和"金山银山"二者之间的辩证关系进行过系统、全面的科学阐述。第一阶段，在实践中对于"绿水青山"和"金山银山"的认识是经历过先用绿水青山（生态资源）去换取金山银山（GDP），在这一过程中没有全面考虑生态环境的承载力和生态资源的恢复能力；第二阶段是既要保住绿水青山，也要发展金山银山，在这一过程中生态资源和环境与经济发展的不平衡矛盾逐渐显现；第三阶段是"绿水青山就是金山银山"，"绿水青山"和"金山银山"是可以互动转化的。通过政策、市场机制创新和技术创新转化为经济财富，建立以产业生态化和生态产业化为主体的生态经济体系，建立生态产品交易平台和市场，创新生态产品交易方式，从而打通"两山"互动转化的通道，实现高质量发展和高水平保护的协调统一。在这一过程中要不断深化对绿水青山的认识，在以保护生态环境资源不变"质"的前提下进一步激发和提升价值"量"。在新时代和新发展理念的背景下，围绕"绿水青山"和"金山银山"协同共进的高质量绿色发展路径，建设人、自然、社会和谐发展的生态文明共同体，是当前乃至今后社会发展的重要命题。

第三节　丽水生态文明建设进程

2000 年 7 月 19 日，迎着新世纪的曙光，丽水正式撤地设市。习近平总书记在浙江主政工作期间，曾多次深入丽水调研指导工作，首次来到丽水调研时便称赞这里"秀山丽水，天生丽质"。2006 年 7 月 29 日，时任浙江省委书记习近平第七次到丽水调研时强调，"绿水青山就是金山银山，对丽水来说尤为如此，并指出富一方百姓是政绩，保一方平安、养一方山水也是一种政绩"。丽水牢记习近平总书记殷殷嘱托，历届市委、市政府持续坚持"绿水青山就是金山银山"的施政理念，并始终坚持以"八八战略"为统领，以"一张蓝图绘到底"的精神持续推进"绿水青山就是金山银山"理念的探索与实践，充分发挥生态资源禀赋优势，以党建红为引领在绿色发展道路上取得了显著的成绩。

2003 年，丽水市第一届市委立足丽水是国家重点生态功能区以及欠发达地区的实际，便明确提出了以"生态立市、工业强市、绿色兴市"的"三市并举"总体发展战略，号召全市上下举生态旗、走生态路、吃生态饭，以坚如磐石的决心和定力保护生态环境，推进绿色发展。

2008 年，丽水率先在全国发布实施《丽水市生态文明建设纲要》，提出要把丽水建设成为"全国生态文明建设先行区和示范区"。

2012 年，丽水市第三次党代会提出"绿色崛起、科学跨越"战略总要求，进一步发挥生态优势，努力推动生态产业化和产业生态化。

2013 年，丽水市委三届全会提出坚定不移走"绿水青山就是金山银山"的绿色生态发展之路，打造全国生态保护和生态经济发展"双示范区"。"绿水青山就是金山银山"被确定为全市唯一的战略指导思想。

2014 年，丽水市成为首批国家生态文明先行示范区、第二批全国水生态文明城市建设试点市，以生态文明理念为引领，全面助推城市整体风貌提质升级。

2016 年，丽水市委三届十一次全会做出了《中共丽水市委关于补短板、增后劲，推动"绿色发展、科学赶超、生态惠民"的决定》，推动丽水生态文明建设站上了一个新的起点。

2017年10月，《中共中央国务院关于完善主体功能区战略和制度的若干意见》（中发〔2017〕27号）文件提出，在浙江、江西、贵州、青海四省开展生态产品价值实现机制试点。

2018年4月26日，习近平总书记在武汉召开的深入推动长江经济带发展座谈会上点赞丽水，高度肯定了丽水市绿色生态建设成绩，指出："浙江丽水市多年来坚持走绿色发展道路，坚定不移保护绿水青山这个'金饭碗'，努力把绿水青山蕴含的生态产品价值转化为金山银山，生态环境质量、发展进程指数、农民收入增幅多年位居全省第一，实现了生态文明建设、脱贫攻坚、乡村振兴协同推进。"

2019年1月12日，推动长江经济带发展领导小组办公室正式印发《关于支持浙江丽水开展生态产品价值实现机制试点的意见》，批复丽水为全国首个生态产品价值实现机制试点市。2月13日，丽水全市"绿水青山就是金山银山"发展大会召开，全面奏响"丽水之干"最强音，加快高质量绿色发展，科学谋划和奋力书写践行"绿水青山就是金山银山"理念的时代答卷。

2019年3月28日，浙江省人民政府办公厅正式印发《浙江（丽水）生态产品价值实现机制试点方案》，丽水市生态产品价值实现机制国家试点建设正式步入全面实施阶段。

2020年，发布全国首个山区市《生态产品价值核算指南》地方标准，开展市、县、乡（镇）、试点村四级GEP核算，全域量化每一分山水林田湖草的价值，并印发《关于促进GEP核算成果应用的实施意见》。

2021年5月25日，国家发改委在丽水召开全国生态产品价值实现机制试点示范现场会，总结推广"丽水经验"，丽水阶段性完成了国家试点任务。成果和经验在中央深改委第十八次会议上得到全面肯定，被中办、国办《关于建立健全生态产品价值实现机制的意见》充分吸收。国家发改委在现场会上推广"丽水经验"，并明确支持丽水建设生态产品价值实现机制示范区。

2021年7月30日，丽水市委四届十次全体（扩大）会议做出《中共丽水市委关于全面推进生态产品价值实现机制示范区建设的决定》，推动生态产品价值实现机制改革从先行试点迈向先验示范。

2022年，丽水市第五次党代会提出，大力弘扬践行浙西南革命精神，坚毅笃行"丽水之干"，永做跨越式高质量发展道路上奋勇向前的新时代"挺进师"，全面建设绿水青山与共同富裕相得益彰的社会主义现代化新丽水。

"红色基因"和"绿色发展"是丽水最为显著的标识。回首近20年来丽水市生态文明建设进程，它始终坚持走绿色发展道路，以"一张蓝图绘到底"的精神，逐步打造以红色文化引领高质量绿色发展的"丽水样板"，并取得了一系列原创性、集成性和综合性工作成果，初步探索出一条红绿融合的发展之路，为进一步打造革命老区共同富裕山区样板奠定了坚实的工作基础。

生态产品价值实现："瓶颈"问题

自党的十八大以来，以生态产品价值实现机制改革为契机和引领的助力"绿水青山就是金山银山"转化相关探索和实践在全国各地全面铺开。作为贯彻落实新时代发展理念和践行习近平生态文明思想的重要举措，它在不断丰富和完善相关政策体系与理论体系的同时，现阶段也同样面临和存在较为突出的问题亟待突破和解决。

一是社会层面对于生态文明思想的内涵及核心要义在助推经济社会转型方面的认识还有待进一步加强，同时对于生态产品价值实现机制的理解及相关路径拓展有待深化；二是在深入推动生态产品价值实现的过程中，诸如价值评估与核算、产权制度划分与归类、生态产品有偿化使用、绿色金融及相关市场化认证等制度、法律和政策还有待进一步深化和完善；三是在推动生态产品价值实现的过程中，以政府为主导的部分生态产品价值实现的相关推动力度和金融工具及资金使用效率还有待进一步加强；四是社会资本和资金以及市场化和多元化为主体的生态产品价值实现的投资内生动力和积极性不足。

推动生态产品价值实现的线性逻辑路径为"调查—划定—核算—应用—转化—考核—评价"，总体可以概括为"算"出来、"用"起来、"转"出去、"管"起来。其中，生态产品价值实现的前提是进行系统化和科学化的调查，划定核算范围（类目）；生态产品价值实现的重要基础是科学评估和量化生态系统中山、水、林、田、湖、草、沙等生态产品；绿水青山向金山银山转化的本质和核心是如何将生态价值有效地转化为经济价值，将生态资源有效地转化为生态资产和生态资本。综合目前全国各地围绕生态产品价值实现的探索和实践，我们可以发现，现阶段政府层面的推动效果和成效较为明显，作用较为显著，但是市场和社会资本层面在推动和介入生态产品价值实现的积极性和效果还有待进一步深化，特别是企业和社会各界的参与度不足，基本还处于观望状态，市场化的自然资源定价、交易机制仍不完善。

第一节 生态产品价值实现存在的难点

一 产权归属及界定问题

自然资源资产产权边界尚不明晰，是进一步拓展和开发生态资源资产以及助推生态产品价值实现的"瓶颈"问题和亟须解决的首要问题。明确的自然资源资产产权界定是促进产权有效流转和价值转化的前提，也是充分发挥以"两山合作社"等市场化交易平台功能的重要基础。当前，自然资源资产确权登记进度不一，各类资源产权边界不清，尚未建立产权归属清晰、开发保护权责明确、监督管理有效的自然资源资产产权制度，以及在市场化的交易规则和相关平台建设等方面滞后和不完善，进而造成收储流转难、开发经营难、市场定价和交易难。

二 标准化市场定价问题

当前生态资产的定价未能充分体现生态环境的外部性与外溢价值，现有定价体系基本由村民、村集体与投资商协商谈判确定，标准化、科学化、规范化、市场化的生态资产价值评估体系亟须建立。探索开展 GEP 核算在目前阶段还较难成为各类生态资源资产流转、收储、开发、经营、收益、分配的有效价值参考，在生态资产评估和 GEP 核算协同体系落地应用方面还有待进一步推进。同时，更为关键和重要的是以政府为主导、企业和社会参与的市场化良性可持续运行运营机制尚未全面建立，还有待加快构建和完善统一"大市场"的氛围和环境，进而实现"跳出去"、跨区域的市场化交易。

三 多元化生态补偿问题

生态补偿是政府层面对于区域性公共生态产品在为维持和保护生态系统而限制开发过程中提供的相关资金、政策等补偿行为。针对补偿的对象，主要包括生产保护者的补偿以及生态系统功能的补偿；针对补偿的方式，主要包括财政转移支付、补贴补助、生态保护建设投资等。现阶段，在推动生态产品市场化进程中，围绕生态产品确权、定价、评估，以及小尺度、项目级的生态产品价值核算和多元化的生态补偿机制，是进一步推动生态产品市场化、产业化的重要研究内容。

第二节 生态产品价值实现面临的问题

一 调节服务类产品的价值占比和实现转化成反比

调研发现，目前在整个生态系统生产总值核算中，核算出的物质类产品价值和文化服务类产品价值占比相对较小，且已较为成熟和完善，其中调节服务类产品价值最高。以全国首个生态产品价值实现机制试点市——浙江省丽水市为例，2019 年 GEP 核算值分类中，物质类产品价值占比在5%左右，调节服务类产品价值占70%左右，文化服务类产品价值占25%左右。显然，调节服务类产品是生态产品价值实现的重点，而作为占比最大的调节服务类产品的价值实现相对较少且转化效率较低，因其公共属性，其转化效率和价值实现及溢价也相对较低。

二 部分生态产品价值实现方法有待进一步探索

土壤保持、洪水调蓄、空气净化、气候调节等调节服务类产品本质上是一种公共产品，具有非竞争性、非排他性的公共性特点，目前，通过市场机制和途径实现价值的方法还有待进一步加强和深化。以浙江省丽水市为例，全市林地面积2199 万亩，森林蓄积量超 1 亿立方米，全市森林覆盖率达到81.7%。受国际国内森林方法学（CCER、VCS）维度的限制，其林业碳汇效益存在一定的局限性，出现森林蓄积量全省最高，但可供交易的碳汇量有限的困局。目前全国尚未建立自愿减排机制，浙江省自愿减排交易市场还处于谋划阶段，在探索建立林业碳汇交易市场方面缺乏相应制度和政策依据。

三　生态资源权益类交易等市场交易体系有待建立健全

生态环境方面的市场交易制度建设需要理论指导、顶层设计和法律支撑，但目前我国生态产权交易立法仍滞后于交易实践，明确权属、摸清底数、查清边界、发放权属证、确定经营管理模式和交易机制等方面的政策尚不完善。同时，因缺乏生态产品市场化交易的法律支撑，生态产品在收储、确权、招商运营、市场化交易、开发保护等过程中仍有许多"瓶颈"问题需要加快突破和解决。以浙江省丽水市为例，因生态补偿机制不健全，浙江瓯江全流域上下游（丽水—温州）生态补偿机制尚未真正建立，下游水源生态受益区对上游水源保护地缺少相关补偿。同时，还存在因缺乏统一、规范、标准、市场化认可的全国统一的价值核算评估标准，基于GEP核算的生态产品在跨区域间进行交易探索尚未实质性推进，基本还处于"内循环"状态。

四　社会资本参与生态产品价值实现的积极性有待提高

生态产品价值的实现是多维度、全方位、立体化的实现过程，在推动价值实现和转化过程中不是单一以政府为主导即可有效实现的，它犹如一台机器需要通力配合、多方参与。在整体推进过程中，要以政府为主导和引领示范带动，积极撬动和激发企业、社会、民间资本等主体全面参与。在可持续的良性市场化体系构建中，以"生态资源资产综合交易服务平台（两山合作社）"和"生态强村公司"等为代表的市场化平台和服务主体的功能及发展有待进一步培育和强化，通过平台建立搭建交易桥梁，切实解决供给和需求之间信息不对称和交易制度不完善的问题。同时，在相关理论研究、法律支撑、专业人才和资金引入、底层数据、技术加持以及社会氛围等支撑保障体系方面仍较为薄弱，有待进一步加强。

第 三 章

生态产品价值实现：路径选择

第一节 生态产品价值实现：政府主导路径

一 我国生态补偿的政策进展与成效

在国家层面，国务院发布了《关于健全生态保护补偿机制的意见》，财政部联合环保部、国家发改委和水利部出台了《关于加快建立流域上下游横向生态保护补偿机制的指导意见》。据有关统计，2003—2017 年中央累计安排各类生态补偿资金达 6000 多亿元，近几年年均资金规模保持在千亿元以上。各级地方政府也相继发布了本省（自治区、直辖市）的实施意见，强调通过生态补偿调动各方保护生态环境的积极性。

一是形成了以分领域与重点区域综合性补偿相结合的补偿实践体系。分要素、分领域生态补偿逐步从森林、草原、水流拓展至湿地、荒漠、海洋、耕地（山、水、林、田、湖、草、沙）七大重点领域，形成了森林生态效益补偿、退耕还林还草、流域上下游横向补偿等诸多生态补偿实践。二是主要依靠各级政府实施生态补偿，亟须市场化手段提高生态补偿资金投入力度和使用效率。目前，生态补偿资金仍以中央和地方各级政府财政投入为主。根据相关研究统计，我国社会资金份额在生态补偿投入中的占比不足 1%，难以满足我国日益增长的生态补偿资金需求。由政府主导的生态补偿，难以充分发挥市场化手段鼓励竞争、优化资源配置的作用，补偿资金在推动生态保护过程中的效率亟待提高和扩面。

二　优化生态补偿的主要模式与路径

生态补偿主要有横向和纵向两种补偿方式，其中纵向生态补偿方式为政府通过财政转移支付和购买等方式，实现生态产品价值的产品和服务有效补偿。其中，一种是针对诸如重点生态保护区域、生态功能区等相关区域因保护生态环境和维护生态系统稳定性而无法或放弃发展产业经济的权利，进而通过转移支付等形式予以体现。比如对于作为"中华水塔"的三江源地区，国家每年会安排相关的专项资金用于其补偿，该种方式就是中央财政转移支付向该地区购买生态产品。另一种是通过政府赎买形式，诸如我国近20年来通过中央财政累计投入资金3000多亿元开展天然林保护工程，将所有国有天然林都纳入了停止商业性采伐补助的范围，使我国森林资源得到有效保护与恢复。同时，横向性生态补偿主要包括跨区域之间的补偿、企业同地方之间的补偿、流域上下游之间的生态价值补偿等。此外，还有通过用能权和排放权交易，如出售或购买用水权和排污权等，以及生态保护基金支付等来实现价值补偿。

第二节　生态产品价值实现：市场开发途径

在拓展生态产品市场化开发路径中，在空间维度包括但不局限于生态产品国内市场的开发，要进一步开拓思路和范围，按照产业化、市场化、数字化、国际化的视野进一步激发生态价值的释放，针对有能力和有潜力的相关市场主体，要全力支持其参与国际市场的交易。同时，在不损害和影响本国生态利益和生态系统安全的前提下，也可积极引入国际资本进行生态产业的开发。

一　公共性生态产品交易

理顺政府和市场的关系，有序推进中国市场化生态补偿机制，逐步形成政府调控、市场运作、社会参与的生态产品价值实现市场开发路径机制。良好的生态环境具有显著的公共属性，在不断保护和提升优化生态系统服务功能属性的基础上，通过政府宏观调控和市场化运作的主辅协同推动，进而逐渐探索和建立公共属性的生态产品市场化交易体系和良性持续交易机制。推进生态产品外部性的内部化，在于通过构建完备产权明晰、定价标准的市场化交易体系。诸如在推进排污权、用能权、碳汇交易等过程中，要不断丰富和提升相关权益主体的积极性，同时在标准化市场定价方面和社会认知层面形成使用者付费、损害者赔偿、保护者受益的社会氛围和认知，进而助推和形成良好的生态产品市场需求和交易体系。

二 生态产品产业化经营

产业化经营是生态产品价值实现的重要载体和现实举措。对于生态资源禀赋，要进一步激发和梳理生态利用型产业、生态赋能型产业、生态影响型产业，通过发挥比较优势实现生态价值向经济价值的有效转化。充分发挥和利用好山、水、林、田、湖、草、沙、气、光、景等生态要素资源，针对产业特征构建生态农业、生态工业、生态服务业融合协同发展的生态产业化新格局和新模式。

一方面，大力扶持特色生态农业、生态旅游业健康发展。优先推进在重点生态功能区、农业主产区开展绿色产品认证和推广生态旅游，增强优势转化能力，利用良好生态环境条件和特色自然资源优势，在不减少生态系统服务供给的基础上，将生态资源优势转化为生态经济优势；另一方面，通过异地开发推广新的发展方式。引导高新技术产业、环保技术产业、文化服务产业等对生态环境影响较小的产业优先发展，促使当地尽早扭转资源依赖型产业发展方式，建立新的产业结构和培育新的业态，引导区域产业绿色转型。

三 生态资源产品资本化

生态产品的市场化开发和做强做大离不开资本的进入。针对不同功能和类型属性的生态产品开发，其逻辑路径是生态资源产品的梳理—生态资源产品的确权（生态资产）—生态资本的引入和开发—生态资源资产的市场化交易。生态资源资本化实现路径本质上是践行"绿水青山就是金山银山"理念的重要举措和市场化推进路径。在推动生态资源资本化路径模式上，可以将其分为直接转化路径和间接转化路径，总体上可以概括为生态产品的市场化直接交易、生态产权的权能分置、生态资产的优化和整合配置，以及生态资产的市场化投资和开发运营。在推进生态资源价值实现形式的不同阶段，其形态表现也具有不同的形态展现形式，整个过程要不断经历生态资源资产化→资本化→可交易化等阶段。

第三节　生态产品价值实现："政府＋市场"路径

在山、水、林、田、湖、草、沙、气、光、景等整体保护、修复、开发的框架下，要积极探索和构建政府主导、企业和社会各界全面参与的可持续化"政府＋市场"开发路径，结合PPP等市场融资手段，释放政府资金活力和效率，提高生态保护效益。以完善相应法律法规和制度体系为主，同时加快构建各类市场化交易平台，设立生态资源资产交易所（机构、平台），撬动更多社会资本设立各类生态投资子基金，全面推行市场化生态产品价值实现的投融资模式，确保相关重要生态产品及项目开发得到融资保障。引导企业等社会主体逐步参与到市场化生态产品开发中，并逐渐实现市场化生态产品开发和保护机制从重点行业到全行业覆盖，由单领域向多领域拓展，提高社会资本参与生态产品价值实现的热度和力度，进而形成保护与发展、开发与利用的生态资源优势和高质量绿色发展经济优势双向循环与反哺协同推进的良好氛围模式。政府在对市场化生态产品开发过程中，实行一致、连贯、全面监管的同时，在对国家战略性生态资源的保护中也起主导作用。

第四章

生态产品价值实现：支撑体系建设

国家《关于设立统一规范的国家生态文明试验区的意见》中明确提出要探索生态产品价值实现机制。作为推动生态文明的重要试验建设任务之一，围绕生态产品价值实现的理论支撑和制度支撑体系，针对生态系统功能中的生态资源资产，首先要不断优化和构建完备的相关产权制度，进而为下一步的产业化运营开发和相关管理提供保障机制。

第一节 建立生态资源产权制度

生态产品进入市场化交易的前提是产权清晰和完备，进而才能通过市场途径体现和转化其价值。一是要全面梳理和构建生态资源资产目录清单，明晰范围和权责主体，为开展市场化交易提供前提与基础。二是要建立统一的确权登记数字化系统。受生态资源资产区跨范围大、不同类型资源资产委托管理主体多、交叉融合和流动性等不确定性因素影响，在不同自然资源产权主体界定办法的基础上，以大数据和数字化技术为技术载体，实现不同管理归口部门信息和数据的共享，共同为开展市场化交易和管理提供中期数据支撑。三是要建立自然资源产权体系。建立自然资源产权制度，明晰各类自然资源产权主体权利，针对部分重点生态功能无法进行市场化开发和运营以外的相关资源资产，探索和推动相关权责的分离，进一步激发和适度扩大使用权的出让、转让、出租、担保、入股等权能。

第二节　建立生态价值核算制度

科学化、标准化、普适性广的生态产品价值核算制度体系是生态产品价值实现的重要理论支撑和前提基础。将生态系统中"山、水、林、田、湖、草、沙、气、光、景"等生态产品的价值量进行系统的科学核算，进而量化每一分每一寸生态产品价值量，可实现绿水青山的金山银山价值直观和潜在量化体现。同时，针对不同生态功能类型、不同核算尺度、不同项目层级等生态产品的核算方法和核算规范进行系统谋划和细分核算，有助于进一步丰富和强化生态系统中生态产品价值核算的公信力和跨区域交易的后备理论支撑。

一是构建标准化的核算评价体系。标准化的"绿水青山"量化和核算评估体系对于分析生态本底价值和评估生态系统的贡献量化比值具有重要支撑作用。同时，为绿色发展绩效考核、重大规划、重要决策、重大项目、生态保护补偿、生态环境损害赔偿及生态系统监测等政策制度的制定和实施提供技术支撑。GEP核算是生态产品价值实现机制的基础和重要组成部分，核算结果的应用直接关系到生态产品价值实现的程度。

对区域内农田、草地、森林、湿地等不同生态系统，分别编制相应GEP核算技术规范，通过对不同生态系统类型的生态产品价值核算方法的标准化，实现不同区域间GEP核算结果的可比性、费用效益决策可参考性，为生态产品跨区域交易提供一套标准化的技术依据。同时，明确GEP核算指标、核算方法、核算因子、定价方法、数据获取方式等相关内容，为全民深入开展GEP核算提供规范化模板。

选择GEP核算基础较好的高质量生态地区，推动建设生态产品价值核算评价机制试点，为全面开展生态产品属性趋同的同质生态区域核算提供经验和基础。以浙江省丽水市为例，作为全国首个生态产品价值实现机制试点市，在全国率先建立科学、合理、具有可操作性的价值核算评估机制。联合中科院生态环境中心和中国（丽水）两山学院开展生态产品价值核算理论研究和实践探索，结合南方丘陵山地生态系统特征和主要生态产品类型，制定出台全国首个山区市生态产品价值核算技术办法，发布《生态产品价值核算指南》地方标准，构建统一的、具有可操作性的价值量化标准体系。同时，建立常态化核算与发布机制，开展市、县、乡（镇）、村四级 GEP 核算体系，实现区域内"绿水青山"价值的可计量。

二是构建标准化的 GEP 统计报表制度体系。建立生态产品价值核算统计报表制度体系，能够有效解决"绿水青山"量化效率问题。目前，GEP 核算体系未被纳入国民经济核算体系，核算结果也未进入生态环境综合决策的主流化程序，GEP 核算工作的内容、模式、手段及常态化、标准化、规范化、制度化的数据收集及统计制度亟须进一步优化，以支撑生态产品价值不断提高和发展的客观要求。

目前，生态产品价值核算存在严重的年季时间滞后性。由于生态系统不同于经济系统，仅用经济学方法对生态系统进行核算往往很难及时和准确地反映其价值。调查发现，生态产品价值核算技术体系和结果公布往往滞后 1.5 年（18 个月）左右，同时尚未建立科学规范的 GEP 核算统计报表制度，在标准化的数据收集、归纳、统计等方面尚未形成体系，造成核算结果及公布存在延迟。其中，对于小单元区域范围的"项目级 GEP"核算办法和制度体系还有待进一步加强。

第三节　培育生态产品市场体系

当前，生态产品市场化交易主要存在以下几个问题和难点。一是评估体系不统一。生态产品内容宽泛，要素众多，时空变化多样，精准度量难度大。生态产品目录清单、物质量与价值量评估、品质等级评定、权属划分等尚无系统、规范的标准和技术体系，导致其价值实现存在诸多困难。二是交易平台不专业。当前交易平台主要有三类：第一，生态资源交易平台，如生态银行、两山合作社、湿地银行等；第二，特定类生态产品交易平台，如排污权交易、碳排放权交易等；第三，公共资源产权交易平台，如林权交易、旅游资源交易等。很多优质生态产品尚缺乏统一规范的交易平台。三是交易体制不健全。产权不明晰，导致部分资源无法交易；同时，尤其是调节服务类生态产品现阶段还缺乏有效的市场化价值实现模式。

一是构建生态产品市场化交易平台。强化生态资源资产经营管理交易平台的资源集中收储、生态占补平衡、资源鉴证增信、资产提质增效、产业培育发展、项目策划运营、金融创新开发等功能建设。建立生态资源"收储—占补—鉴证—整合—开发—监管—富民"的运营机制，将生态产品的所有者、生产者、需求者集中起来，有效破解供给需求的信息差，通过梳理相关资产属性和类型，构建高效合理的审批流程，引入规范化的核查监管和评估体系，扎实推动生态资源变资产资本的转换途径和供需精准对接。以市场为导向的生态产品交易平台（所）将有利于推进和构建市场化与规范化的生态产品价值实现模式和机制建设，从而实现生态产品公平交易和效率最大化。

二是完善生态产品市场化交易机制。建立和完善"企业＋集体＋合作社＋村民"的市场化经营开发机制和利益联结机制，构建投资多元、股权清晰、利益共享、风险共担的生态产品开发运营模式。不断打通生态优势向发展优势转化的堵点、难点、"痛点"，构建起生态产品保值增值、集约开发、高效利用、共建共享的市场化价值实现机制。针对不同功能类型的生态产业，围绕生态产品的开发以及相关市场化交易制度，探索建立差别化税收政策和相关权能交易制度。

三是建立绿色金融支撑体系。积极探索和创新生态产品价值实现的绿色金融产品和相关配套服务，进一步强化绿色金融的赋能作用，充分发挥其在资金积聚、投资导向、信息传递及资源整合助推相关绿色产业提质升级的效用，引导金融资源和相关资本进入，同时进一步明晰和厘清绿色金融的服务范围和服务内容类别，不断完善相关金融工具和配套政策支持经济和产业发展向绿色低碳高质量转型。加快破解金融授信和相关生态信用体系的数据不对称问题，不断创新绿色信贷、绿色债券等绿色金融产品，推动金融资本进入节能环保、清洁生产、基础设施绿色升级、生态环境等相关绿色产业。

第四节　强化技术智力支撑体系

一是构建"产业链—创新链—人才链"三链协同矩阵新格局。全面构建人力、智力、技力多维协同的生态产品价值实现支撑体系，有助于在理论与实践层面保障和支撑生态产品价值高速转化和实现。在生产、加工、销售、管理、开发、运营等全产业链条拓展技术支撑，在关键性领域重点推动人才与科技融合发展，促进生态资源资产与经济社会协同发展；全方位拓展经营开发机制，架构生态产品市场化路径，推进生态产业化，促进"绿水青山就是金山银山"转化，实现生态向业态、颜值向价值、产品向模式的多维协同转变和推进。

二是进一步强化体制机制理论研究支撑。新发展阶段需要在习近平生态文明思想的科学指引下，围绕生态产品价值实现的基础理论与逻辑问题，开展相关理论研究，从产品直供向模式创供、机制创新、功能探索、标准创设、模式输出发展。生态产品的价值作为生态系统功能属性的一种外部表达和转化，其价值体现同物质产品的差别在于需要相关的机制设计来呈现，无法简单直接地通过市场化行为交易形成价值和货币化转换。其价值实现不是仅仅靠自然资本，而是需要资源环境、人力资源、技术应用、品牌推广等多种要素的高度融合和有机集成协同实现。因此，以价值论、系统论、民生论为理论基础，结合生态文明建设与共同富裕的客观需求，以生态产品价值实现为主线助力"绿水青山就是金山银山"发展理念到"绿水青山就是金山银山"理论的飞跃，从理论体系层面及理论支撑角度进一步丰富习近平生态文明思想中的"绿水青山就是金山银山"发展理念内容，全面拓展、丰富深化理论指导和现实遵循。

三是教育、培训、宣传、考核等体系构建。进一步夯实相关基础性保障机制，构建和运用 GDP 与 GEP 双核算双转化，研究可持续、可循环的关键自平衡点"GEDP"（生态产品价值实现标准模型）作为生态产品价值实现发展路径的核心问题，助力高质量绿色发展，逐步形成以生态文明建设为引领的高质量绿色发展新格局，进一步拓展和丰富"山水林田湖草沙光气景……"理念。在理论架构层面进一步强化生态产品价值实现的基础性培训及相关专业教育；社会氛围层面加强"绿水青山就是金山银山"的宣传与引导，进一步强化生态文明思想和生态环境保护及人类命运共同体的舆论氛围塑造，更好地营造出全民参与生态文明建设的良好氛围；在实践应用层面将生态产品价值实现机制改革重点领域指标直接列入相关职能部门考核内容，全面直观反映区域"绿水青山就是金山银山"转化潜力、现状和实现率，体现服务绿色发展的履职水平和履职质量。

生态产品价值实现：经典路径案例

第一节 "山"系品牌打造：赋能产业溢价增值
——丽水建立"山"字系区域公共品牌

一 基本情况

"山"和"水"是丽水最大的自然特征。作为全国首家生态产品价值实现机制试点市，丽水在创新绿色发展和践行"绿水青山就是金山银山"理念方面，积极拓展产业化高质量绿色发展路径。依托得天独厚的生态资源禀赋优势，它孕育出了具有丽水特色的生态资源产业体系，以"山"为笔，以"水"为墨，着力打造和绘就以"丽水山耕""丽水山居""丽水山景""丽水山泉"等为核心的地域特色公用品牌和山水特色画卷。

（一）"丽水山耕"：品牌溢价下的有效机制

2017年6月27日，"丽水山耕"被成功注册为全国首个含有地级市名的集体商标，以政府所有、生态农业协会注册、国有公司运营的"母子品牌"运行模式，对标欧盟实施最严格的肥药双控，实行标准认证、全程溯源监管，建立以"丽水山耕"为引领的全产业链一体化公共服务体系，实现生态产品由"初级"向"生态精品""低价竞争"再向"品牌战略竞争""标准化提升"转变。2020年，销售额突破108亿元，平均溢价率30%，连续三年居中国区域农业形象品牌排行榜首位，获评"全国绿色农业十佳发展范例"。截至2021年底，全省共537家企业获得"丽水山耕"品字标认证，发放证书683张，其中丽水地区获品字标认证企业207家，发放产品证书252张。

（二）"丽水山居"："闲居"变"金屋"的丽水样板

为打造丽水民宿特色和提高竞争力，2015 年 12 月，丽水市委、市政府在全市民宿经济推进会上提出，打造"丽水山居"民宿县域公用品牌；通过注册全国首个地级市民宿区域公用品牌"丽水山居"，打造全国知名休闲养生养老目的地、山村休闲度假体验和避暑目的地，力争让"丽水山居"成为我国山村民宿的知名品牌，着力推动乡村产业发展，促进农民增收，助力乡村振兴。

（三）"丽水山景"：画好"新时代富春山居图"

以"丽水山景"为主打品牌加快发展全域旅游，缙云仙都率先创成5A，创成一批 4A 级景区城、5A 级景区镇，开通上海至丽水高铁旅游专列。截至 2021 年 12 月，成功创建 4A 级景区镇 48 个、3A 级景区村128 个。

（四）"丽水山泉"：盘活水资源，写好"水经注"

奋力打造区域公用品牌"丽水山泉"，深入探寻水的生态价值转化途径，盘活水资源，写好"水经注"。深挖丽水优质富矿，取天然自涌泉水、山泉水，首推"丽水山泉"矿泉水，并实现规模批量生产。聘请家乡名人世界著名围棋运动员柯洁担任"丽水山泉"品牌形象代言人，通过线上线下全媒推广营销，加快打响"天下好水，丽水山泉"品牌。

丽水山居

丽水山泉

二　主要做法

（一）坚持政府引导，社会多元参与

丽水市政府出台了《丽水市生态精品现代农业发展规划》、《"丽水山耕"品牌建设实施方案（2016—2020 年)》（新一轮的实施方案已经出台）、《丽水市加快推进农产品转化为旅游地商品三年行动计划》等纲领性文件，明确了"丽水山耕"品牌建设的总体目标和阶段性目标，全面规划"丽水山耕"品牌发展路径，从品牌培育、推广、质量标准、农产品安全等方面提出了具体工作举措。坚持政府引导、市场主导、农民主体的机制，充分发挥政府"有形之手"和市场"无形之手"两大作用。制订出台《关于大力发展农家乐民宿经济、促进乡村旅游转型升级发展三年行动计划（2016—2018 年）》（丽委办发〔2016〕1 号）、《关于全面提升农家乐民宿规范发展的实施意见》等相关政策和标准，市级对"丽水山居"农家乐综合体和精品民宿示范项目分类奖补。目前，已形成"工商资本""协会＋经营户""股份制＋农户"等多种经营模式。

（二）坚持标准引领，助推品质提升

一是在国家认监委复函批准实施"丽水山耕"农业品牌认证试点工作的基础上，开展"丽水山耕"品牌标准认证工作，成为全国首个开展认证工作的农业区域公用品牌。严格把控产品质量和检疫检验程序，相关农副产品质量安全信息化全程可追踪、可溯源。搭建会员共享实验室，努力编织农产品的安全监管网络。截至 2021 年底，检测样品 11726 个，33.3 万项次，省级例行监测合格率为 99.7%。二是丽水市发布《"丽水山居"民宿服务要求与评价规范》，通过设定"丽水山居"民宿产品的"五心"标准和"十有"特色（五心：贴心、养心、放心、舒心、开心；十有：有山水、有主题、有乡愁、有体验、有业态、有主人、有故事、有创意、有智慧、有口碑），在特色地域文化传播、标准化管理以及相关品牌市场化运营等方面持续提供原动力和制度保障。三是经国际国内权威检测机构瑞士SGS 和中检院检测认定，"丽水山泉"水质优异，属稀有矿泉水。清华大学长三角研究院生态环境研究所常务副所长刘锐曾带团队在丽水完成优质水资源课题调查后认为，"丽水山泉"偏硅酸高达 60mg/L，钠含量低，是有利于人体健康的"一高一低"矿泉水。

（三）坚持农旅融合，企业参与运作

一是"丽水山耕"品牌所有者是丽水市生态农业协会，实际运营和推广者是丽水市农业投资发展有限公司。丽水市农业投资发展有限公司和丽水市生态农业协会是一套人马两块牌子，公司下属有丽水蓝城检测公司、丽水绿盒电子商务公司等14个子公司，为丽水山耕品牌的良好运作和推广提供了充足的人力、物力、财力保障。二是"丽水山居"依托中国传统村落保护和浙江省历史文化村落保护利用项目，引导深耕乡村度假行业十余载、国内拥有最大民宿规模的联众集团等社会资本参与古村复兴，通过前期探索出的松阳"拯救老屋行动"经验和下南山古村复兴模式的试点经验，积极发展康养旅游、特色茶吧、户外露营等乡村旅游文化新业态。三是以"丽水山居"为载体和展示平台，将"丽水山耕"的相关农副产品和多元化、多品类的"丽水山泉"进行市场化营销。"丽水山耕""丽水山泉"等产品借助旅游快车，拓宽了销路并实现了增值溢价，提高了市场知名度；"丽水山居"通过融合相关产品丰富了旅游体验，进一步提高了游客满意度。

（四）坚持宣传推广，拓宽营销渠道

一是整合网商、店商、微商，形成"三商融合"营销体系；创建以"物联网＋大数据"为基础的"壹生态"信息化服务系统，对接全球统一标识的GS1系统，提供大数据服务；以农耕文化推广为载体，开展枇杷、杨梅、茭白等农事节活动和"丽水山耕"十佳伴手礼评选活动；组织参加丽水生态精品农博会、浙江省农博会等系列品牌宣传活动；结合"丽水山耕"旅游地商品转化，开展推进品牌旅游地商品转化网点建设工作。二是建成一机游"丽水山居"农家乐民宿智慧综合服务平台，130家民宿拍摄制作VR并上线展示。举办"丽水山居"农家乐民宿LOGO和宣传口号征集大赛、"四季三风"主题摄影比赛、我为丽水山居代言等活动，展示推介"丽水山居"。三是2017年11月举办"丽水山居·台湾民宿交流合作活动周"，并在中央电视台4套（CCTV－4）《海峡两岸》栏目播出，提高了"丽水山居"民宿的知名度。松阳县成立了古村落乡村旅游讲解员"百人团"，承担对外讲解和接待任务，并提供"私人定制"讲解服务。

三 主要成效

（一）"丽水山耕"的成效

截至 2021 年底，全省共有 537 家企业获得"丽水山耕"品字标认证，发放证书 683 张，其中丽水地区获品字标认证企业 207 家，发放产品证书 252 张。2016 年成功入选全国"互联网＋农业"百佳实践案例，荣获"2016 中国十大社会治理创新奖"，2017 年"丽水山耕"品牌价值达 26.59 亿元，2018 年成为浙江省优秀农产品区域公用品牌最具影响力十强品牌，2018 年至 2020 年连续三年蝉联中国区域农业品牌影响力排行榜区域农业形象品牌类榜首。"丽水山耕"品牌农产品理念累计销售额已超百亿元，溢价率超 30%。2019 年、2020 年连续举办"丽水山耕奖"农业文创大赛暨国际农业文创高峰论坛。2021 年起，持续开展以农耕文化与产业结合的丽水市二十四节气节庆活动。整合"丽水山耕"旗下农创精品主体，融合丽水市非遗、文创等文化内容，在杭州、上海、丽水等地举办独具丽水印记的"山耕集市"活动，并形成常态化推广模式，品牌整体曝光度破亿。

"丽水山耕"两湖集市

（二）"丽水山居"的成效

2019 年，"丽水山居"集体商标注册成功。同年，丽水被授予"中国民宿产业研学基地"。2021 年，"丽水山居"田园民宿接待游客 2661 万人次，实现营收 25 亿元，比上年分别增长 20% 和 9%；举办"丽水山居"农家乐综合体和精品民宿示范项目评选活动，围绕品质民宿、美学民宿、生活民宿、共享民宿四个类别，打造更加精、专、特、新的民宿主体。目前，丽水共有农家乐民宿 3335 家，从业人员 2.86 万人，培育了省级休闲乡村和农家乐集聚村 46 个，四钻级以上民宿 218 家。丽水市旅游产业增加值占 GDP 比重达到 8.0%，跃居全省第一。

（三）"丽水山景"的成效

2019 年，丽水顺势谋划乡村旅游公用品牌"丽水山景"，面向美丽乡村旅游目的地，参照旅游景区相关标准，结合乡村实地情况，编制了"乡村旅游品牌认定标准"，对"丽水山景"品牌入驻认证，实施包含乡村文化、民俗文化、特色文化传播以及品牌营销在内的标准化管理。到 2020 年底，全市建成 5A 级景区（缙云仙都景区）1 个、4A 级景区 23 个、A 级景区村庄 866 个，松阳成为国家全域旅游示范区。同时，建成瓯江绿道 3022公里，秀美的"丽水山居图"和瓯江黄金旅游带初具雏形。

丽水山居——朴宿

（四）"丽水山泉"的成效

在 2021 年召开的丽水市"两会"上，会议用水全部换成本土新品牌——"丽水山泉"。"丽水山泉"以甘醇清冽、柔顺爽滑的口感得到与会代表和委员的认可。央企中交集团、中铁建集团派人数次前来考察，并已达成合作意向；上海城建实业集团主动提出，将"丽水山泉"作为"小微环球"平台唯一的线上销售水产品；"丽水山泉"已成为丽水生态产品价值转换的又一张"金名片"。接下来，将细化推出针对婴幼儿、老年人等不同群体的高附加值水产品，并借助全市"双招双引"东风引大招强，延伸水产业链，做大丽水水经济。

目前，以"丽水山泉"为代表的水产业，2022 年共谋划项目 88 个，概算总投资 866 亿元……"山"字系已培育多个经济新增长点。

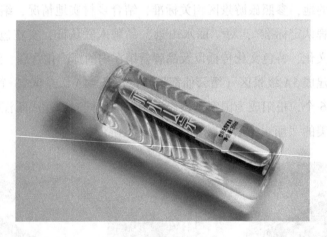

丽水山泉

四 重要启示

对于"九山半水半分田"的丽水来说，产业主体低小散、产品品牌零乱弱是低端经济的共同特征。如何发挥品牌效应，提高优质生态产品的知名度和影响力，实施区域公共品牌战略显得尤为紧迫。丽水"山"系区域公用品牌的声名鹊起，生动地诠释了"品质决定价值、品牌提升价格"的大众传播规律，完美演绎出"有机品质、有为政府、有效市场"的绿色崛起乐章，为"大山区、小流域、大农村、小城镇、大生态、小生产"的广大山区提供了生态产品价值实现的鲜活经验。

第二节 数字化赋能：护航天生丽质向治理提质
——建立"天眼＋地眼＋人眼"多维协同数字化体系

一 基本情况

浙江是数字化先行省份。丽水在改革试点中充分利用数字化应用成果，精确明晰产权边界，精准分析生态本底，构建"天眼＋地眼＋人眼"多维协同数字化体系，坚持"双跨融合"导向，推动生态产品价值实现机制改革和数字化改革有机结合，将生态产品价值实现机制作为数字化改革的重大需求、重大场景、重大改革项目，以数字化改革进一步牵引推动生态产品价值实现机制改革从"先行试点"迈向全国"先验示范"，实现两项改革相得益彰，加快推动天生丽质向治理提质转变。

二 主要做法

（一）数字化天罗地网"守望"绿水青山

数字化迭代建设"花园云"数字化服务平台和"天眼守望"卫星遥感服务平台，形成覆盖全市的"空天地"一体化的生态监测和监控体系，绘制全市"生态价值地图"。"天眼守望"——"智控"一片蓝天；"地眼金睛"——"数控"环境违法；"人眼监督"——"擦亮"秀山丽水，迅速构建科学、高效、智慧的生态治理体系。其中，创新开发的"天眼守望"助力"绿水青山就是金山银山"转化综合智治应用入选浙江省首批最佳应用。

• "空"——与中国航天五院深度合作，依托21颗功能卫星组成"虚拟星座"，对全域1.73万平方公里生态要素进行扫描，实现对省级以上自然保护地的生态红线变化监测，对全域地质灾害隐患点、森林灾害隐患区进行灾害预警防护等动态监测。

• "天"——基于无人机与智能设备的集成应用，有效提升市域范围内的应急救援、森林防火、秸秆焚烧、环保执法等场景的快速响应和巡查辅助能力，实现传统生态环境管护能力及监测模式的跃升。

• "地"——基于物联网络传感与视频监控设备，依托21个4K生态直播及生态数据展示点位，形成"大气环境""水环境""土壤环境"等9张生态地图，构建起环境空间一体化的生态产品空间信息数据资源库，实时进行智能化地面观测和监测分析。

• 整合运用卫星遥感大数据、无人机设备、环境感知物联网、基层治理"四平台"，构建"三眼一体"生态监测体系，实现对全域生态本底及其动态变化的实时获取、实时感知、实时分析、实时管控。

• 将卫星遥感影像数据对应空间化，运用多维度核算，实现任意区域GEP"一键算"、GEP报告"一秒出"、GEP健康码"一码清"、GEP交易"一点通"，促进生态产品价值可核算、可抵押、可交易、可变现，有效保障和提升了生态产品可持续供给能力。

（二）龙泉公益林"数字化"改革让林业权益更精准

龙泉市针对前期公益林改革过程中梳理出的"面积不准、界址不清、矛盾多发、微腐时发、流转盘活难、抵押贷款难"等问题，以公益林数字化改革为切入点，创新实践了"益林富农"多跨场景应用。一是数字赋能精确落界。基于天地图、卫星遥感地图等标准地图，结合无人机航拍、实地勘验等技术路径，依托省、市一体化智能化公共平台回流数据，建成公益林数字化落界系统。横向联动林业、司法、公安、应急等部门，纵向贯通19个乡镇（街道）开展精确落界，林界现场指认，600多起长期纠纷当场化解，基本实现公益林纠纷"降减趋零"。二是精准发放专项资金。发放资金信息公开透明，实现林农在服务端一键查询、一键申领、一键发放，杜绝以往错发、漏发、难发等现象。三是多维盘活森林资源。探索建立森林资源资产流通平台，打造森林资源资产流转资源库，为供需双方提供公益林、商品林、碳汇等生态产品集成信息，实现在线查询、对接、咨询、流转、交易、备案等功能。四是迭代升级金融产品。打通生态产品贷款数据壁垒，推进公益林补偿金收益贷款、地役权补偿金收益贷款、森林资源资产抵押贷款办理等流程再造，有效解决了企业和林农融资难、贷款难等问题。

（三）小流域自然灾害有了"预警＋处置"系统

丽水全域共有 973 条小流域、2026 个重点防治村、4724 个一般防治村。在汛期，小流域山洪、地质灾害呈易发、多发态势。2015 年、2016 年，莲都里东村、遂昌苏村等又连续发生严重自然灾害。

为将人民群众生命财产损失降至最低，丽水市通过卫星遥感、雷达探测、无人机巡查等手段，形成"监测—分析—预警—评价"闭环，创新"数字化＋应急"处置模式，探索建立小流域自然灾害"预警＋处置"系统。截至 2020 年底，全市完成 33 个点位 11 大类 267 套前端监测设备的建设，并已完成数据上线；已完成领导驾驶舱、预警告警、远程会商、数据中心等模块建设；上线预警模型测试版，初步实现单体灾害预警、区域预警、灾害链预警的分析功能。

三 主要成效

一是公益林数字化改革实现精准坐标数据准确率从原来的 86% 提高到 99% 以上。二是补贴发放率有效提升。2020 年度，7052 万元补偿金 100% 发放到户，发放到户率提升了 25%，有效杜绝资金发放中的截流、冒领等微腐败现象。三是迭代升级金融产品。截至目前，龙泉累计实现森林资源资产贷款 57 亿元，户均贷款 9.1 万元，78% 的林农受益。此外，龙泉还在全国率先试行林地经营权流转证制度，全市林权流转率达 29%，占丽水的 67%。四是 2021 年，丽水市"天眼守望"数字化生态服务平台获评全省首批"十大数字法治好应用"，丽水正在加快对接推进"天眼守望"服务工程迭代升级，以卫星遥感大数据为基础支撑，进一步开展丽水两山"天眼守望"卫星遥感数字化服务，实现生态环境立体化监测、GEP 核算及动态展示、灾害应急卫星紧急调用响应、卫星遥感二三维可视化等"花园云"应用。

四 重要启示

立体化、数字化"丽之眼"赋予了自然资源领域确权、监测新蕴意。

运用卫星遥感、无人机、雷达等数字化监测手段，既精准量化了绿水青山，又精确界定了产权边界，还时时刻刻"守望"着绿水青山，为绿水青山底色更亮、金山银山成色更足保驾护航！

第三节 深耕畲乡风情：厚植生态底色，打造多彩花园
——轻"畲"产业探索生态产品价值转化路径

一 基本情况

近年来，丽水市景宁畲族自治县坚持把生态价值转化为实现乡村振兴推动高质量发展的有效途径，坚定不移践行"绿水青山就是金山银山"发展理念，以东坑镇为代表，围绕"爱在心田·共富东坑"发展定位，着力提升优质生态产品的供给能力，赋能绿水青山，实现价值转换。

二 主要做法

（一）精准定位，主题明确

深入构建"一村一主题、一理念、一色彩、一文化、一创客、一产业"的"六个一"，并将其作为抓手，根据全镇各村不同的人文、产业等特点，量身打造特色主题。如白鹤村是丽水市花样村庄的发祥地，以"花海耕织"为主题，发动家家户户在门前精心装扮雅致的花景，打造出花样村庄精品村。此外，还有"忠勇红寨"大张坑、"青梅竹马"何村、"陌上花开"根底岘、"爱在心田"马坑等，村村有主题，村村有特色。根据各村不同的主题特点，差异化选择绿化植物和花卉品种，马坑的玫瑰、桃源的桃花、大张坑的红梅、深垟的多肉等构成"月月有花开，季季有花赏"的多彩花园，时时可观景，步步有景观。

（二）创新理念，文旅交融

利用山村资源，如枯木、树根及农家随处可见的石器、瓦罐、竹木、农耕器具等，打造别具一格的特色创意景观。如吴山头村将"枯木逢春"理念植入美丽乡村建设，枯木桩经过加工修饰，种上多肉、月季等花卉，打造创意枯木景观，游客中意可即时购买；东坑村依托悠久的廊桥文化，

以"廊桥驿梦"为主题，将村庄打造成开放式的廊桥博物馆，廊桥文化以寓教于乐的方式融入各个景观节点中，廊桥元素开门可见，文化之美展现得淋漓尽致，使村庄既有"面子"也有"里子"，既有"颜值"也有"内涵"。

（三）挖掘培育，发展产业

注重"一村一创客"的挖掘培养，并通过搭建乡村匠人大赛等平台，挖掘培育乡村美化师、花艺师、药膳师、咸菜师等一批"乡村匠人"，为"美丽产业"注入丰富的智慧、元素和题材。如白鹤村立足村里的"咸菜文化"，培育"咸菜经济"，打造全市唯一咸菜特色村；桃源村通过多年的努力打造了"水果沟"，"水果经济"实现从无到有，不断发展创新水果采摘休闲游模式；深垟村创新"基地经济助推庭院经济"发展模式，农户们可在自家庭院中展示代销基地里的优质多肉产品，实现绿色经济由基地向庭院的输送。

三　主要成效

（一）"忠勇红寨"大张坑村

丽水市景宁县大张坑村以"红＋畲＋绿"为发展方向，以红色文化为核心，将村庄划分为"忠勇畲寨"主题活动区、"绿野畲园"农耕体验区、"青山畲曦"休闲养生区，推进活动训练基地、白茶种植体验、水果采摘园、草鱼塘美食康养基地、敇木山度假区等旅游产品，深化农家乐、民宿产业化和规模化发展，将大张坑村打造为集党建教育、军政集训、红色旅游等于一体的全国忠勇文化主题旅游示范区。目前，该村已建成一个畲族革命历史展览馆，一个集户外体验、红色教育于一体的研学基地，荣获浙江畲族风情旅游度假区"十大畲寨"，是中南民族大学、丽水学院民族教学基地，拥有一支全国最早的畲族民兵队、一片草鱼漫游的原始森林。

（二）"养生石寨"深垟村

丽水市景宁县深垟村以"养生石寨"为主题定位，以做足"石寨"＋"多肉"＋"教育基地"为特色文章，进一步提升古老石寨散发出的无穷魅力。该村种植60余亩多肉，建成雅景多肉休闲文化园，年产值达820万元，创新"基地经济助推庭院经济"发展模式，发展"多肉庭院"100余户。2020年，实现村集体经济收益22.8万元，吸引游客7.2万余人次，旅游产值840余万元。同时，建成浙江省首个畲族民间绘画培训基地和写生基地，年培训达3000余人。目前，该村是国家少数民族特色村寨、省历史文化古村落保护与利用重点村、3A级景区村、首批省休闲旅游示范村、省农家乐特色村、省民族团结进步村，拥有一个国学教育示范基地、一个写生绘画基地和一个青少年科普教育基地。

（三）"花海耕织"白鹤村

丽水市景宁县白鹤村致力于打造美丽环境、发展美丽产业、根植美丽民风，实现从一个软弱涣散村、脏乱差问题村向新农村建设典范的华丽转变。白鹤村大力发展农林产业，培植村集体经济引擎，建成全省最大单体连片香榧产业基地之一，面积近6800亩，成功打造"畲乡榧院"度假区。在农林业产业发展的基础上，白鹤村成功激活了美丽经济，打造了"白鹤经济"新模式。近年来，该村主推"咸菜经济""花海经济"，共发展6家农家乐、3家民宿、2家特色商店，仅咸菜年产值可达200余万元，"贤、咸、闲"特色乡村旅游产业不断发展壮大，农家乐、民宿、咸菜馆时常出现一床难求、一桌难订的火热局面。2020年，村集体经济总收入达130余万元，年接待游客7万余人次，旅游收入达650万元。该村被评为省级文明村、丽水市美丽新家园、市级花样村庄，也是全市花样村庄的发祥地，还是全市唯一的咸菜特色村。

（四）"世外桃源"桃源村

丽水市景宁县桃源村结合本地优势，以水果、休闲旅游等产业为发展定位，致力于通过花样村庄、美丽乡村、少数民族特色村寨等项目建设实现美丽乡村成果转化。2012年以来，桃源村建立了"水果沟"党员干部创业孵化基地，家家户户参与水果种植，拥有猕猴桃、樱桃、梨、李子、杨梅、桃子等十余个水果品种，种植面积200余亩，其中葡萄基地80余亩，亩产值达2万—3万元。2020年，村集体经济从2009年的0.2万元提升到25.6万元，游客超6万人次，旅游收入达700余万元。桃源村被列为全国精神文明村、第四批中国传统村落保护名录、省级美丽乡村特色精品村、市级生态示范区建设先进村。

四 重要启示

通过全民参与推进环境全方位、高质量保护，各村积极探索村集体入股生态强村公司等模式，村民参与环境保护并从中获得收益，提高民众自发进行生态保护的积极性、有效性、可持续性，群策群力，不断提升生态产品价值转化水平。围绕生态农林水产业，积极引导"小农户在家门口创业、乡贤回归创业、资本进乡创业"，培育各类创业主体发展高效种植养殖业、高效生态林业和现代休闲农业，通过全民创业大行动，让家家户户都创业、人人都参与生态产品价值实现工作，形成良好的共建氛围。

小　结

习近平总书记指出："要积极探索推广绿水青山转化为金山银山的路径，选择具备条件的地区开展生态产品价值实现机制试点，探索政府主导、企业和社会各界参与、市场化运作、可持续的生态产品价值实现路径。"丽水作为"浙西南革命根据地""红军长征牵制策应地""丽水之赞光荣赋予地"，在绿水青山向金山银山转化中作为全国首个试点市，积极破题生态产品价值实现"四难"问题，经过两年的锐意探索和只身挺进，阶段性并圆满完成了国家试点任务。"丽水经验"和试点阶段性成果在中央深改委第十八次会议上得到全面肯定，并被中办、国办《关于建立健全生态产品价值实现机制的意见》充分吸收。生态产品价值实现机制"丽水样板"案例，成功入选"改革开放 40 年地方改革创新 40 案例"。绿水青山所蕴含的生态产品价值，通过体制机制不断创新和改革突破，正在源源不断地转化为富民强市和助民增收的金山银山。

目前，丽水市正在全力创建全国生态产品价值实现机制示范区，率先推动改革从"先行试点"迈向"先验示范"，持续擦亮生态产品价值实现机制改革的"金名片"，以生态产品价值实现机制改革为支点，进一步拓展和激发经济社会各领域改革的发展之势和发展之力，全面推动生态产品市场化、产业化、国际化、多元化、数字化、标准化，全方位、立体化、多维度协同推进生态产品价值实现路径拓展。下一步，丽水市积极做好"红绿彩"融合发展，让红色文化成为引领山区发展的旗帜，让绿色资源成为助推百姓致富的钥匙，让多彩民族成为发展平等文化交相辉映的进行曲，努力打造践行"绿水青山就是金山银山"的全国样板。

　　党的二十大报告提出，要建立生态产品价值实现机制，完善生态保护补偿制度，并深刻指明建设人与自然和谐共生的中国式现代化的发展方向和战略路径。丽水作为全国首个生态产品价值实现机制试点市和浙江省推进"两个先行"打造共同富裕示范区必不可少的重要组成部分，以党的二十大精神为指引，进一步探索生态产品价值实现机制改革，奋力打通"绿水青山就是金山银山"转化通道和"丽水模式创供"，以"百尺竿头思更进，策马扬鞭自奋蹄"的精神，乘势而上，顺势而为，借势发展，坚毅笃行"丽水之干"——全面建设绿水青山与共同富裕相得益彰的社会主义现代化新丽水，永做跨越式高质量发展道路上奋勇向前的新时代"挺进师"。

第二部分

绿水青山就是金山银山：机制创新

习近平总书记在擘画建设"美丽中国"战略目标时强调:"绿水青山就是金山银山。"为纲举目张地推进"绿水青山就是金山银山"理念落地生根、提纲挈领地完善相关制度安排,中办、国办于2021年4月印发了《关于建立健全生态产品价值实现机制的意见》,明确提出了生态产品价值实现的六大机制,系统构建了生态资源价值转化的"四梁八柱"。

多年来,浙江省丽水市夯实践行"绿水青山就是金山银山"绿色理念,踔厉奋发描绘诗画浙江最美大花园核心园,凝心聚力探索生态产品价值实现机制改革,形成较为完善的生态资产确权、生态资源调查监测、生态产品价值核算、生态产品市场化交易、生态保护补偿、价值实现保障等方面的机制创新,促进生态资源有效转化为生态资本,催生地区经济发展活力,助力实现乡村振兴和共同富裕。

生态产品价值调查监测机制

第一节 开展生态产品信息普查

生态家底是进行生态产品价值实现的产业布局、增收谋划、可持续发展保障的基础。为摸清"家底有多少",就需要对生态资源的数量和质量进行全面普查。生态资源的内涵丰富,通常指代能够被人类生存发展、生物繁衍生息利用的物质、能量、信息三种自然界构成要素以及时间、空间等宇宙构成基本要素。生态资源的数量可以体现为山、水、林、田、湖、草、沙的面积、容量、蓄积量等,生态资源的质量包含森林覆盖率、不同类别的耕地占比、不同类别的水体占比、不同等级的草原占比、土地沙漠化和荒漠化面积占比等。

丽水的实践分为编制清单、开展信息调查、完善监测体系三个步骤。

一是编制清单。2019 年,在广泛预调研的基础上,结合"九山半水半分田"的资源特色,丽水市编制出台了市、县(市、区)、乡(镇、街道)、村(社区)四个层级的《生态产品目录清单》,按照物质产品、生态调节服务、生态文化服务三个类别对生态产品进行细分,完善可操作、可调查的清单。

二是开展信息调查。基于已建成的自然资源和生态环境调查监测体系,利用网格化监测手段,丽水市开展了行政地理单元、自然地理单元、重要生态功能区单元的生态产品基础信息调查,基本摸清市域范围内不同类别的生态产品数量、质量等底数,初步建设完成生态产品信息资源数据库。2019 年,丽水市完成了遂昌县大柘镇大田村和景宁畲族自治县大均乡的生态产品信息调查。2020年，丽水市完成生态产品价值实现机制试点市中18个示范乡镇112个村的生态产品信息调查。2021年，丽水市完成9县（市、区）172个乡（镇、街道）的生态产品信息调查。

三是完善监测体系，推进生态产品信息采集自动化。生态产品种类多、差异大，地形地貌较为复杂，信息调查采集难度较大，速度较慢。丽水市依托卫星遥感、物联网等技术手段建设了"天眼（'天眼守望'卫星遥感）＋地眼（'花园云'数字化生态环境监测）＋人眼"的立体化、数字化生态环境监测网络，构建了"空、天、地"一体化的生态资源、生态资产和生态产品空间信息数据资源库。同时，依托"花园云""天眼守望"数字化服务系统建成GEP核算自动化平台，实现"绿水青山"功能量的实时动态展示。

第二节 推进自然资源确权登记

自然资源是指自然界中采用一定的技术获取的能被人类利用的各种天然存在的资源，包含空气、水、土壤、地形、植物、动物、矿产、景观要素等。产权明晰是界定权、责、利的必要条件，也是自然资源得以有效保护治理和有序开发利用的前提。当自然资源为权属不清的公共产品时，理性个体追求个人利益最大化的行为会导致公共资源损害。只有在权属明晰的情况下，"公地悲剧"才能避免发生，自然资源的有效保护、综合治理、合理开发、集约利用才能得以有序推进。

自2015年被列入浙江省编制自然资源资产负债表首批试点城市以来，丽水市全面推进自然资源确权登记工作，先后出台了《丽水市开展编制自然资源资产负债表改革试点工作方案》《丽水市自然资源资产负债表编制工作方案》等相关文件，研究绿色发展指标体系，探索编制自然资源功能量和价值量的核算方法。同时，分年度编制了土地、林木、水等自然资源实物量资产负债表，进一步查明了相关资源的现有存量、质量类别及其年度变动情况，为推进生态文明建设过程中如何保护利用自然资源提供了信息基础，也为合理有序开发利用提供了监测预警和决策支持。

丽水市是全国首创"河权到户""河长制"的城市。"河权到户"是以集体承包、股份制承包、个体承包和合作制承包等不同模式，将河道经营权进行转让。承包者通过渔业养殖、休闲旅游开发获得收益，并负责河道养护和管理。这种"以河养河"的模式让村集体增加了河权租金收入，村民不但增加了收益分红，而且无须再分摊河道养护费用。这一改革经验被水利部评为2015年"全国基层十大治水经验"，被中央电视台CCTV－4《走遍中国》栏目两次报道，被《人民日报》、《中国水利报》、央广网、新华网、中新网、人民网、中国网、凤凰网、新浪网、环球网等媒体争相报道，成为全国山区河流治理的典范。

丽水市率先在全国探索集体林地地役权改革。2020年，丽水对百山祖国家公园内29.7万亩集体林地进行核查确权、签订地役权合同、化解纠纷、登记颁证、补偿惠农、红利共享，有效破解权属不清、纠纷难断、持续增收难题。共确权登记集体林地237宗，形成村民小组决议169份，达成村民代表会议决议14份，签署农户、村民小组、村集体经济组织委托书3763份，发放不动产权证书242本，发放地役权登记证明237本，全部完成公园范围内集体林地的地役权。这一改革在并未改变集体林地属性基础上，实现了科学合理补偿和多元共管共享，达成了生态效应、经济效应、社会效应的"三者共赢"。2020年全国集体林业综合改革试验第一批16个典型案例中选登了浙江省丽水市探索集体林地地役权制度的内容。

在总结"河权到户"、集体林地地役权改革等经验基础上，丽水市进一步丰富了自然资源权属种类，清晰界定了河流、林地、农田等自然资源资产的产权主体，明晰了所有权和使用权（经营权）的边界。

生态产品价值评价核算机制

第一节 建立生态产品价值评价体系

为了实现生态产品价值核算结果的可重复性和可比较性,丽水形成了一套符合地域特征的价值核算技术方法。2020 年,丽水市根据主要生态系统特征和生态产品类型,制定出台了全国首个生态产品价值核算技术办法;编制发布了全国首份市级地方标准《生态产品价值核算指南》(DB3311/T139 – 2020),明确界定了生态产品的内涵特征、价值构成和判断标准,明晰了生态产品价值核算的基本原则、核算方法、核算数据、核算报告编制和核算结果应用范围,为生态产品价值核算提供了理论指导和实践指南;制定了《百山祖国家公园生态产品价值核算指标体系》,规范了计量数据来源、核算参数获取、样本主观性偏差修正等方法。

建立常态化核算与发布机制,定期发布核算成果,推进 GEP 核算制度化。自 2019 年以来,丽水市每年常态化开展市、县、乡(镇)、村四级 GEP 核算工作,并在生态产品价值实现机制大会上发布。2020 年 5 月,浙江省发改委印发《浙江省生态系统生产总值(GEP)核算应用试点工作指南(试行)》,正式确立了全省生态产品价值年度核算与发布制度,明确了 GEP 核算年度报告内容、成果上报与评审流程、对外发布内容等具体要求。2019 年,丽水市完成全国首个乡级和村级 GEP 核算评估试点。2020 年,丽水市完成首批 18 个示范乡镇 112 个村的 GEP 核算,完成全国首个国家公园的 GEP 核算评估。2021 年,丽水市完成全市 9 县(市、区)172 个乡(镇、街道)的 GEP 核算评估。

第二节 推动生态产品价值核算结果运用

丽水将生态产品价值实现纳入全市经济社会发展的重要战略，不断完善 GEP 核算结果应用体系建设。2021 年，基于前期的实践探索经验，丽水市研究制定《关于促进 GEP 核算成果应用的实施意见》，积极推进 GEP 核算结果"六进制度"，即进规划、进考核、进交易、进决策、进项目、进监测，为全市生态产品价值实现进行了顶层设计，提供了政策保障。

一是 GEP 进规划，将生态产品价值实现纳入经济社会发展全局。为深入推进高质量绿色发展战略目标，丽水市在多份重要规划方案中明确指出："GDP 总量目标和 GEP 总量目标实现两个较快增长。"丽水市还编制了全国首个地级市《生态产品价值实现"十四五"专项规划》，明确把 GEP 核算作为生态产品价值实现的基础性制度。同时，丽水市在全域范围内开展国土空间规划支撑"绿水青山就是金山银山"转化的试点示范工作。按照保护优先、以聚促变、高效管控、城乡统筹原则，科学评估、合理设定各县（市、区）生态保护和经济发展目标，实现自然资源管控的系统化、精细化、差异化，为各类开发保护建设活动提供基本依据。

二是 GEP "进决策"，充分发挥政府在"绿水青山就是金山银山"转化进程中的引导作用。2019 年以来，丽水市已将生态产品价值（GEP）核算结果纳入"三重一大"（重大事项决策、重要干部任免、重要项目安排、大额资金的使用）决策综合评价体系。GEP 成为各级政府决策的重要指引和硬性约束。同时，丽水市逐步完善以改善生态环境质量、提升绿色发展水平为核心目标的责任体系和责任追究体系，科学评估"三重一大"决策对 GEP 可持续供给能力的影响。

三是 GEP "进项目"，推进生态产品价值实现落到实处。丽水按照生态优先、总量平衡的原则，研究建立项目级 GEP 影响评价体系，通过就地恢复、异地恢复等方式，探索建立了"生态占补平衡"机制。比如，景宁县凤凰古镇项目因开发建设、绿化率不达标等造成项目所在区域 GEP 降低且无法就地恢复，在项目验收时缴纳了绿化补偿费（异地恢复）900 余万

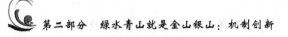

元。景宁县用该笔资金向乡镇"两山公司"购买了乡镇规划范围内等量GEP的新增绿地指标，不仅实现了县域GEP总量的动态平衡，而且有效促进了社会各界参与生态保护与修复的积极性。

四是GEP"进交易"，充分发挥市场在"绿水青山就是金山银山"转化进程中的主体作用。丽水市在生态强村公司运营经验基础上，创新培育"两山公司"作为公共生态产品的供给主体和交易主体。当前，以公共生态产品政府供给为原则，已建立了基于GEP核算的生态产品政府购买机制，综合考虑政府财力、GEP年度总量或增量等因素，按一定比例向"两山公司"等市场主体购买调节服务类生态产品。2019年，景宁县政府根据大均乡2018年度GEP增量的2%，向该乡"两山公司"支付全国首笔生态产品购买资金188万元。云和县出台生态产品政府采购试点暂行办法，并依据办法分别向雾溪乡、崇头镇支付首期生态产品购买资金58.45万元、208.46万元。同时，丽水建立了生态产品市场交易体系，创新组建"两山银行"生态产品交易平台，制定出台基于GEP核算的生态产品市场交易制度，创造生态产品的市场需求，引导和激励企业与社会各界参与，构建多元主体、多个层次的市场交易体系。2020年7月，青田县首笔基于GEP核算的生态产品市场交易成功。杭州宏逸投资集团有限公司通过"两山银行"向小舟山乡"两山公司"支付300万元，购买项目所在区域的生态产品。

五是GEP"进监测"，实时掌握生态产品价值实现的进度。丽水探索制定统一的自然资源分类标准，建立自然资源统一调查监测评价制度，成立全国首个生态环境健康体检中心——浙西南生态环境健康体检中心，以重点流域、区域、行业等为着力点，开展生态环境监测和评估。建立自然资源动态监测制度，推动建设203个水站、266个空气站、100个噪声站及9个辐射站，形成覆盖全市的生态环境质量地面监测和感知网络。依托地面监测网络推进"花园云"生态环境智慧监管平台建设，实现涉水涉气污染源、秸秆焚烧等生态环境损害行为的智能监管与实时预警。与航天五院合作推进"天眼守望"卫星遥感数字化服务平台建设，利用卫星遥感等数字化技术，实时跟踪掌握各类自然资源的数量、质量、分布、保护和开发利用变化情况，开发 GEP 核算数据报送、自动核算功能，实现对 GEP 构成因子的全方位监测，以及市、县、乡三级行政区域和任意地块 GEP 核算及其变化的动态展示，有效保障和提升生态产品可持续供给能力。

六是 GEP 进考核，调动领导干部在生态产品价值实现中的积极性。考核是领导干部干事立业的"指挥棒"。丽水市对政府部门和领导干部个人分别出台了考核办法，建立 GDP 和 GEP 双考核机制。丽水市还出台了《丽水市 GEP 综合考评办法》，将 GDP 和 GEP 双增长、双转化等 4 类 30 项指标纳入市委综合考核体系，明确各县（市、区）各部门在提供优质生态产品方面的责任。2019—2020 年，市委连续两年对各县（市、区）进行了GEP 年度考核。

第三章

生态产品价值经营开发机制

第一节　推进生态产品供需精准对接

当前，中国生态产品供给与需求的时空分异明显。一方面，空间不均衡，高供给地区常常呈现低需求，低供给地区往往呈现高需求；另一方面，时间不均衡，以生态农产品为例，鲜活农牧渔产品集中上市，但短时间内的需求弹性变化不大。生态产品价值的实现，需要将生态产品以生产要素或者消费产品的形式纳入社会经济生活体系，所以我们需要挖掘生态产品的需求，增加生态产品的供给，促进供需精准对接。

在扩大生态产品需求方面，丽水积极顺应生态消费提质升级趋势，不断深化改革，充分激发超大规模市场优势和消费潜力。如大力发展生态精品农业，生产出数量更多、质量更好的农产品；聚焦长三角消费市场特点，提供生态休闲、生态康养等旅游产品，引发"银发族"休闲避暑需求和家庭亲子休闲需求；正视产业基础和区位条件，因时制宜发展"小而精"的木制玩具、休闲食品、青瓷、宝剑、石雕等产业。

在增加生态产品供给方面，丽水从生态空间集约、产业布局优化、产业发展创新、生态技术赋能、生态制度保障等方面着手，不断提升供给体系对需求变化的适配性。

在供需精准匹配方面，丽水根据生态产品的不同消费属性实施分类推进。不同类别的生态产品，消费属性不同。大体上看，物质产品类生态产品属于私人产品，调节服务类生态产品属于公共产品，文化服务类生态产品属于公共产品和准公共产品。对于调节服务类和文化服务类的生态产品，首先是发挥生态强村公司、村集体股份经济合作社等组织对分散生态资源进行整合收储，然后是通过举办招商会、推介会、博览会，组织开展"互联网＋生态产品"线上云交易、云招商，推出"飞地""飞柜""飞网"，促进供给方与需求方、资源方与投资方的高效对接。对于物质产品类生态产品，主要是融合发挥"政府＋市场"的作用，通过生态化规划、标准化生产、品牌化经营、电商化营销，实现生态优势向经济优势和发展优势的转化。以丽水农产品为例，经过"有形之手"全产业链"一站式"服务，丽水打造了区域农产品公用品牌"丽水山耕"，实现了高额的生态溢价。"丽水山耕"品牌连续多年获评中国区域农业品牌影响力排行榜·区域农业形象品牌类第一名。丽水全市耕地面积不足230万亩，"丽水山耕"产品累计销售额高达328亿元，产品远销除西藏之外的全国所有省份。截至2021年底，"丽水山耕"国际认证联盟企业有977家，"丽水山耕"服务的产业集群主体有521家，"丽水山耕"品牌授权353个，"丽水山耕"品牌合作基地有1153个，产品平均溢价超过30%。

第二节 拓展生态产品价值实现模式

丽水积极打造生态农业增效增收、生态工业提质升档、生态旅游跨越式发展的生态产品价值实现模式。

一 生态农业增效增收

近年来，丽水充分发挥资源禀赋特色优势，在全国率先推行农业发展的生态化、精品化、现代化理念，坚持"专业规模、错时错位、优质优价"的战略举措，推进"农旅融合、美丽田园、全产业链"的发展方向，积极探索"丽水山耕"生态有机农产品、"丽水山居"农家精品民宿、"丽水山景"乡村旅游、"丽水山泉"优质水产业等"山"字系品牌集成发展之路，全力推进全市农业产业的高质量绿色发展。

一是对标欧盟，农业高质量绿色发展硕果累累。2018年以来，丽水市以最严的准入标准、最严的销售登记、最严的使用管理、最严的质量管控、最严的惩戒措施，全面推进农药化肥严格管控工作。自 2018 年开展"对标欧盟·肥药双控"行动以来，丽水市已推出禁限用农药 152 种，欧盟撤销登记并列入建议清单的 105 种农药全部禁限用，同时提出禁限用替代农药 112 种。2019 年，丽水成为全国首个名特优新高品质农产品全程质量控制试点市，按照最严的准入标准、最严的销售登记、最严的使用管理、最严的质量管控、最严的惩戒措施，全面推进农药化肥严格管控。到 2020 年，丽水市实现农资经营追溯系统覆盖率 100%，省级农产品质量安全放心县和追溯体系县覆盖率 100%，农药使用量比 2017 年减少 17.68%，化肥使用量比 2017 年减少 14.86%。2021 年 9 月，丽水市发布全国首个《农资经营基本规范》，进一步完善农资市场经营秩序管理。

二是品牌引路，高质量融入长三角一体化发展战略。近年来，丽水市坚持走生态精品农业之路，涌现出一大批生产经营主体和品牌商标。然而，小而散的农产品难以实现小农户与大市场的对接，难以实现"酒香不怕巷子深"的品牌影响力，农产品急需品牌加持以实现小而美的生态溢价。2014 年，丽水市通过推进土壤数字化服务平台建设，实施"对标欧盟·肥药双控"，创立全国首个覆盖全区域、全品类、全产业的地级市农业区域公用品牌"丽水山耕"。"丽水山耕"构建的母子品牌运行模式，实行农业企业子品牌严格准入和农产品溯源监管，打通生产、加工、销售的全产业链，解决了困扰零散农业主体的标准化、产品营销、冷链加工、物流配送等难题，有效提升了产品质量、生态溢价，有力拓宽了"绿水青山就是金山银山"转化的通道。

同时，丽水首创乡镇级农村电商服务中心"赶街模式"和"赶街村货模式"。2013 年，丽水市遂昌县在网络销售基础上，成立首家县域农村电子商务服务站，并逐渐形成了闻名全国的"赶街模式"，致力于实现乡村与城市之间的资源共享、互通，其服务涵盖乡村消费电商、物流、金融等业务。赶街在农村电商领域的突出创新和实践，得到业内专家的高度关注和认可，阿里研究中心和中国社科院在 2013 年曾联合发布"遂昌模式白皮书"。2018 年，在"赶街模式"8 年探索和实践的基础上，丽水市创新发展了"赶街村货模式"，启动从农村电商到乡村生活服务平台的战略转型，实现服务下乡、村货进城的双向服务链接。

三是立足优势，不断增强生态精品农业竞争力。在丽水，品质农业是一场关乎农业生产体系的革新，是以农产品优质安全为基础，以国际化对标、产业化经营、组织化发展、标准化生产、全程化管控、数字化赋能为抓手，打造现代科技与传统农耕相结合的、需求侧与供给侧相贯通的现代农业生产体系。深入实施生态精品现代农业"912"工程（9个示范县、100个示范乡镇、200个示范主体、2000个生态精品农产品），形成了菌、茶、果、蔬、药、畜牧、油茶、笋竹和渔业九大主导产业。农业"两区"建设不断发力，生态农业产业平台建设日臻完善。

二　生态工业提质升档

近年来，丽水围绕打造"美丽浙江"大花园最美核心区和创建浙江（丽水）绿色发展综合改革创新区，以省级生态工业试点市建设为契机，以加快生态工业经济高质量发展为目标，通过注重顶层设计有定力、注重转型升级强内力、注重动能培育添活力、注重环境优化增动力等举措，大力培育生态工业，全力打造生态工业高质量发展绿色低碳"新名片"。2021年，丽水建立全市高耗低效、招大引强、重点技改三张清单进度通报制度，创建市级绿色低碳工厂，积极开展省级工业和绿色制造试点示范，全力推进工业"碳效码"应用。

一是厉行高碳低效"淘汰整治"。2021年9月，本年度高耗低效企业整治进度清单正式核定，同一时期出炉的还有2021年丽水全市开发区（园区）决策入园制造业项目情况和全市工业投资及规模以上企业实施技改清单。作为丽水全市高耗低效、招大引强、重点技改三张清单，该制度出台以来做到了月月通报，鞭打"慢牛"，为丽水市绿色低碳示范行动开了一个好头。同样实现生态工业高碳低效"淘汰整治"的典型案例还有丽水经济技术开发区合成革产业的"凤凰涅槃"。为了达到年初设立的目标，丽水经开区创新实施"绿色化转型、集群化发展、数字化赋能"的"三化"举措，大力推进产业转型升级、跨代提级。丽水经开区被中国轻工业联合会授予全国唯一的"中国水性生态合成革产业基地"，转型做法被列入 2021 年全省 18 个"腾笼换鸟、凤凰涅槃"典型案例之一。绿色化转型势在必行。丽水经开区争创国家级绿色园区，将"强力去污"腾空间、"循环利用"降能耗、"绿色引领"定标准提上改革日程。此外，丽水经开区还施行集群化发展，打造全国最大生产基地；数字化赋能，汇集全球产业链资源。"十四五"时期，丽水经开区将以工业互联网平台为牵引，构建基于"产业大脑"的特色未来工厂数字技术体系，形成订单接收、智能合约签订、自动排单、供应链资源调度、发货和收款的一体化。

二是实施绿色制造试点示范。2021 年，根据浙江省经济和信息化厅、浙江省发展和改革委员会、浙江省生态环境厅出台的《关于加快推进绿色低碳工业园区、工厂建设的通知》要求，丽水建立 1 个省级绿色低碳工业园区、5 家省级绿色低碳工厂，建立 1 个市级绿色低碳工业园区、20 家市级绿色低碳工厂。丽水市推荐浙江天喜厨电股份有限公司、浙江晨龙锯床股份有限公司（以下简称"晨龙公司"）、浙江锯力煌工业科技股份有限公司 3 家企业申报国家绿色工厂，推荐丽水经开区浙江昶丰新材料有限公司的"装饰用水性生态合成革（Autumn/秋天、Forest/森林）"申报国家绿色设计产品，推荐丽水经开区申报国家绿色园区。近年来，丽水市出台多项政策引导鼓励企业建设绿色工厂，积极引导企业采用新能源，积极鼓励企业升级生产工艺流程。以晨龙公司为例，一是通过在厂房屋顶建设光伏发电系统，充分利用太阳能，减少了不可再生能源的使用；二是通过在产品生产过程中使用喷丸处理强化处理工艺替代原来的磷化和打磨除锈工艺，消除了磷化液、粉尘对环境的污染；三是通过采用三维数字化设计，利用仿真软件进行力学分析优化整体结构，从而实现原材料的最大化利用，减少了材料浪费。丽水市还积极鼓励开展资源综合利用，鼓励企业利用三剩物、次小薪材、锯末加工生物质压块、生物质燃料颗粒，鼓励企业利用废渣加工砌块、水泥、建筑用砖，鼓励企业利用三剩物进行发电或供热。随着生态产业集群的持续壮大和生态工业高能的持续提升，丽水形成了能源、资源再循环和再利用体系。

经过多年探索，丽水生态工业打造出"绿色低碳"高质量发展的新名片，推动了多个传统行业实现"凤凰涅槃"，在数字经济领域勇立潮头、跨代提级、低碳发展。

三 生态旅游跨越式发展

作为浙江省旅游业起步最晚的地区之一，丽水市近年来高举生态旗，打好生态牌，通过优化旅游发展空间布局、丰富旅游发展产品体系、延伸旅游发展产业链、创新旅游宣传营销机制等举措，以文化体验、生态养生、运动休闲、避暑度假为主题，成功塑造画乡莲都、剑瓷龙泉、世界青田、童话云和、菇乡庆元、黄帝缙云、康养遂昌、田园松阳、畲乡景宁等生态旅游目的地；以红绿融合、文旅融合、农旅融合为特色，讲好丽水故事，持续开发"山"系乡村旅游产品，统筹塑造"秀山丽水、诗画田园、养生福地、长寿之乡"旅游区域品牌。

一是生态塑形，增强生态旅游目的地颜值。丽水市将乡村建设与自然生态有机相融，保护好生态基底，保证自然肌理与聚落形态传承延续，保持富有传统山水意境的乡村景观格局。将乡村建设与花园美景有机相融，引导农户种植既有景观效果又有经济效益的花卉果蔬，打造花园庭院、花园田园、花园民宿，形成"山环水绕、鸟语花香、阡陌交错、稻麦飘香"的乡村风情。2021年完成首批200个花园乡村的启动创建，好生态与大花园交相辉映、诗画田园与美丽乡村相互交融的丽水山居图正从远景走向现实。

二是文化注魂，提升生态旅游景点神韵。丽水市坚持以文化传承守护乡村之"魂"，进一步加强非物质文化遗产传承发展，挖掘农耕文明，复兴乡土民俗，保留乡愁记忆。全面推广"拯救老屋"行动，持续推进历史文化（传统）村落保护利用工作，开展8批次484个历史文化村落的保护利用，其中257个村被认定为国家级传统村落，成为华东地区古村落数量最多、风貌最完整的地区，被誉为"江南最后的秘境"。

三是乡治立根，夯实生态旅游基础。深入推进自治、德治、法治"三治融合"，充分运用"整体智治"的手段，构建乡村治理新体系，促进善治乡村建设，全力打造乡村治理现代化先行区。全面推进"清廉村居"建设，制订发布《丽水市清廉村居建设三年行动计划》，规范化运行小微权力，大力弘扬廉政文化，营造良好的基层政治生态，打造了一批干部清正、政治清明、社会清朗的清廉村居。

第三节 促进生态产品的价值增值

按照生态资源的保护和开发程度，丽水分级、分层、分类实施生态产品价值增长机制，提高溢价水平。

一 生态产品富集区的"溢价增收"机制

一是在发展定位和发展思路上，丽水高举"生态旗"，唱响"绿色歌"。走绿色生态发展之路，是中央和浙江省委、省政府对丽水的殷切期望。习近平总书记在浙江工作期间，曾 8 次亲赴丽水调研，谆谆告诫道："绿水青山就是金山银山，对丽水来说尤为如此"，丽水"守住了这方净土，就守住了'金饭碗'。"（王国锋，2022）2018 年 4 月 26 日，在深入推动长江经济带发展座谈会上，习近平总书记 102 字的"丽水之赞"更是对丽水绿色发展的高度肯定。（王丽玮等，2022）近年来，丽水积极部署高质量发展战略，深耕绿色生态版图，全面"备战"养生产业，坚守"秀山丽水、养生福地、长寿之乡"的区域定位，利用丰富优质的养生养老资源，打造知名的养生福地、养老乐园；全面谋划生态工业再出发，初步形成特色错位发展、主导产业突出的现代工业体系，争创省级生态工业试点市；全面开拓"生态农业＋精品""生态农业＋互联网""生态农业＋养生"模式，催生农业发展新活力。

二是在发展内容和发展举措上，坚持生态化、集约化、融合化、循环化，着力促进一二三产融合与生产、生活、生态同步发展。部署自然资源、生态环境、智慧农业、智慧文旅、智慧康养等数智化基础设施，打造空天地一体化自然资源、生物多样性、生态环境质量监测网络体系和生态产品总值（GEP）核算与展示平台，为生态产品价值实现提供基础保障。充分挖掘农耕文明、民族文化、红色文化、传统民俗、特色技艺等资源内涵，通过补链、延链、强链形成区域性特色文化服务产业体系。

三是在转化路径和发展模式上，丽水建设"两山公司""两山银行"等平台，开展生态环境保护与修复、自然资源管理与开发工作，着力解决碎片化自然资源入市壁垒、"生态占补平衡"问题；发展"两山金融""两山基金""两山保险"，重点支持农业产业化项目、农业"互联网＋"、农旅融合等"绿水青山就是金山银山"转化项目，拓宽"绿水青山就是金山银山"转化通道，充分释放绿水青山的经济价值。经过多年的探索创新，丽水做精"山"文章，打造"丽水山耕""丽水山居""丽水山景""丽水山泉"等山系区域公用品牌，实现自然生长到品牌赋能、山高路远到养生福地的转换，以品牌星星之火塑造产业发展燎原之势；发挥政府"有形之手"和市场"无形之手"合力，以"产业飞地""生态飞地"双飞互促模式破解土地约束，以"生态贷""两山贷""GEP贷"等系列金融产品集成破解资本约束，以"双招双引""科创飞地""定向培养"等模式化解人才与技术"瓶颈"，促使生态要素配置与生态产品价值实现紧密结合，实现生态产品由外部"输血"转变为自身"造血"。

二 生态产品受损区的"扭亏为盈"机制

针对生态环境资源被过度开发的区域，丽水通过生态修复、生态惩戒、生态教育、生态宣传等措施，防止生态产品价值进一步遭受损失，努力实现"扭亏为盈"。

一是实施全域土地综合整治与生态修复。丽水因地制宜开展大搬快居富民安居工程、生态保护与修复工程，遵循原有山水文脉肌理，发展"美丽乡镇＋""古村保护＋""乡村旅游＋""生态农业园区＋"等新业态，保护农民宅基地权益、农用承包地权益，探索契约型、分红型、股权型等多元利益联结模式，引导农民深度参与生态产品开发；探索建立符合实际的生态功能指标，评定占补地块生态产品价值，保障生态产品价值综合平衡，探索建立生态产品及生态资源权益挂钩机制，通过指标收购、生态补偿、运营管护等方式，引导社会资本投入整治修复工程。

二是开展瓯江源头区域山水林田湖草沙一体化保护与修复。该项目入围全国第一批山水林田湖草沙一体化保护和修复工程，总投资55.31亿元，其中中央资金支持 20 亿元。项目总面积包括丽水 9 县（市、区）的瓯江源头区域范围的 13306 平方公里，实施期限为 2021—2023 年。项目围绕 3 大分区、4 条通道、5 大工程的一体化保护修复框架，实施重要生态系统及生物多样性保护、森林生态保护修复、水生态保护修复、土地保护修复和数字赋能智慧监管五大工程，因地制宜采取严格保护、自然恢复、辅助再生、生态重建、环境治理等工程措施，进行全要素、全流域、一体化保护修复，着力探索一条生态保护修复高级阶段——生物多样性保护与可持续发展之路、带动区域旅游产业和生物资源可持续利用产业发展之路。截至 2022 年 6 月底，丽水市 56 个子项目已全部开工建设，累计投入资金 30 亿元，完成投资计划的 54.24%。

三是改造提升传统产业，加速新旧动能转换，因地制宜发展生态产业。"不发展经济对不起当代，不保护环境对不起后代。"当丽水在发展还是保护问题上难以抉择时，浙江省委在 2013 年做出决定：对丽水"不考核 GDP、不考核工业增加值"。此后，丽水轻装上阵，选择"两条腿"走路，即调强存量，改造提升传统产业；选优增量，大力培育发展战略性新兴产业。重拳治污治水，倒逼重点行业企业转型；工业企业进退场验地验水，提高项目准入门槛；对遂昌金矿、云和千年银矿开展矿山修复，开发矿山遗址工业观光旅游；对龙泉青瓷传统烧制技艺、中国木拱廊桥传统营造技艺、遂昌班春劝农等世界非物质文化遗产代表作名录项目，青田稻鱼共生系统等全球重要农业文化遗产项目，龙泉宝剑锻制技艺、青田鱼灯舞、松阳高腔、丽水鼓词、畲族三月三、畲族民歌、畲族婚俗、畲族彩带编织技艺、梅源芒种开犁节、缙云烧饼制作技艺等国家非物质文化遗产代表性名录项目，庆元香菇文化系统、云和梯田农业系统等中国重要农业文化遗产项目进行活化传承，叠加康养等旅游融合业态，形成生态产业链，提升生态旅游的区域竞争力。

第四节 推进生态资源权益交易

生态资源权益是人在与自然界发生关系的过程中对于自然环境的基本

权利以及行使这些权利所带来的各种利益。生态资源权益交易是指通过市场交易将产权清晰的生态资源的使用价值体现为市场价值的过程。生态资源使用价值的表现实体一般是具有效用的生产要素或生态产品。权益交易，一方面实现了生态资源权益的价值变现，另一方面又能够引导生态资源向低污染、低消耗、低能耗和高附加值的行业企业流转，从而实现优化配置以及价值增值的双重目的。

　　近年来，丽水积极推动生态资源权益交易，主动探索用能权与用水权、排污权、碳排放权的市场交易机制。一是深入探索生态产品产权交易。发布《丽水市（森林）生态产品政府采购和市场交易管理办法（试行）》，构建政府有为、市场有效的生态产品交易市场体系。持续探索集体资产入市交易，谋划以制度引导集体物业入市交易的机制。健全和落实排污权有偿使用和交易机制、用能权交易机制，探索建立生态产品与用水权、用能权、排污权、碳排放权等环境权益的兑换机制。深化产业用地市场化配置改革，支持产业用地实行"标准地"出让，探索批而未供土地和闲置土地的有效处置方式。二是探索碳排放权的市场交易机制。2015 年，丽水就启动首个林业碳汇项目——庆元 7000 亩森林入"市"。2020 年，丽水市卖出首笔 22.72 吨核证碳汇减排量的碳汇交易指标。2021 年，丽水市森林碳汇管理局挂牌成立；启动碳中和战略研究，建立碳汇参与碳配额市场交易的实施机制；加强碳达峰基础研究和系统谋划，摸清丽水碳排放"家底"，科学预判碳达峰形势，综合考虑经济发展水平、产业结构、节能潜力、重大项目等因素，分解落实碳达峰目标任务；研究完善碳汇量化核证和市场交易机制，开展碳汇潜力调查；依据浙江省首个地方性林业碳汇方法学——"丽水市森林经营碳汇普惠方法学"测算出丽水市可开发用于碳汇交易和大型活动碳中和的碳汇总量（10 年期）为 1402 万吨。2022 年上半年，丽水市印发《丽水市银行业保险业林业碳汇金融业务操作指引（试行）》，编制《森林碳汇丽水行动方案（2022—2026 年）》，完成 4 宗水电产（股）权交易，交易额达 2.55 亿元，排污权有偿使用和交易合计金额 8950 万元。

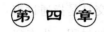

第四章

生态产品保护补偿机制

生态产品可以通过政府购买、地区间生态价值交换、生态产品的市场溢价等形式实现价值转化。对于公共生态产品和准公共生态产品，只有充分发挥"无形之手"和"有形之手"的合力才能获得价值有效实现。其中，生态保护补偿是最重要、最有效、最适宜的方式。丽水市生态产品保护补偿是通过上下级政府之间的纵向转移支付、政府与政府之间的区域横向转移支付、政府和企业之间的"生态飞地"异地开发等方式实现优质生态产品可持续和多样化供给的。

第一节　完善纵向生态补偿制度

近年来，丽水市以百山祖国家公园创建为载体，在全国率先开展集体林地地役权改革，在不改变集体林地权属的基础上，建立科学合理的补偿和共管机制，推进自然资源资产统一有效管理，实现生态、经济和社会效益"三赢"。"浙江省丽水市探索集体林地地役权制度"入选2020年度全国集体林业综合改革试验典型案例。

在以"一园两区"思路创新推动钱江源—百山祖国家公园建设过程中，针对百山祖国家公园园区集体林地占比高、人口密度大、林地权属复杂的问题，丽水市积极实施集体林地地役权改革，建立科学合理的地役权补偿机制和共管机制。2020年4月，丽水市政府出台《百山祖国家公园集体林地设立地役权改革的实施方案》，规定2020年的地役权补偿标准为43.2元/亩·年（含生态公益林和天然林停伐补助），今后参照浙江省公益林补助标准的提高额度而同步提高，地役权设定年限与林地承包剩余年限相一致。截至2020年，丽水已全面完成涉及龙泉、庆元、景宁3县（市）10个乡镇（街道）33个行政村的36054公顷集体林地数据建库入库，共确权登记国有林地14.43万亩17宗地，集体林地56.50万亩456宗地，村民小组决议234份，村民代表会议决议43份，农户、村民小组、村集体经济组织委托书7417份，发放不动产权证书473本，地役权登记证明455本，登记率达96%，实现了国家公园集体林地规范统一管理，促进了自然资源原真性和完整性保护。

同时，丽水市始终将生态保护、绿色发展与乡村振兴、共同富裕紧密结合，通过实施生态补偿惠农、生态红利共享，破解效益持续难题。一是获得补偿收益。集体林地被纳入国家公园统一管理后，国家公园内的6200余名林农作为供役地权利人，每年可获得2700余万元生态补偿资金。二是通过林权抵押贷款获得创业资金。丽水市创新开展了林地地役权补偿收益质押贷款融资，户均可贷8万元，实现"叶子"变"票子"、"资源"变"资金"。三是原住村民享有优先权，在同等条件下，原住村民享有生态农业、生态体验、游憩等特许经营项目优先权，享有聘用国家公园巡护管理公益岗位优先权，当地产品在符合条件并经许可情况下可以使用百山祖国家公园品牌标识，凭借身份信息可免费参观游览百山祖国家公园。

第二节　建立横向生态补偿机制

丽水市以瓯江全流域上下游生态保护补偿机制建设为重要抓手，以深入践行"丽水之赞"担纲"丽水之干"，全维度、全过程做好"统筹""防治""联动"三篇文章，坚决打赢碧水保卫战，取得了良好成效。

一是积极构建横向生态保护补偿体系。在"水生态共同体"理念指引下，丽水市多措并举，扎实推进瓯江流域上下游横向生态保护补偿机制建设。为进一步扩大生态横向补偿覆盖面，全域统筹将龙泉—云和、遂昌—松阳、莲都—青田、松阳—莲都、云和—莲都等7个上下游交接断面纳入机制建设。自2018年开始，丽水市瓯江流域试点的7县（市、区）每年

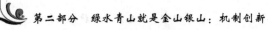

各出资 500 万元，设立横向生态补偿资金。如果出境水横断面水质监测符合要求，则由下游县向上游县补偿 500 万元；如果水质监测不达标，上游县需要向下游县补偿。为形成"一江清水送下游"的长效机制，丽水市在补偿基准和补偿方式上进行了深入探索，通过创新设置横向生态补偿机制考评指标体系①，创新推出多元化补偿方式②，创新设定合理高效的补偿标准③，有效推进流域横向生态补偿机制实施，实现以补促治。

二是不断完善生态治理体系建设。把做好"防治"文章作为丰富落实瓯江流域上下游生态保护补偿机制建设的重要载体，充分发挥生态保护补偿机制的杠杆撬动和"倒逼"引导作用，着力完善瓯江全流域环境共保体系建设。第一，自我加压抓防治。在全面完成省里交给丽水市的工业园区（工业集聚区）"污水零直排区"建设任务基础上，丽水市自我加压，以首战当决战、决战必决胜的信心，提前实现全市 11 个省级以上工业园区（工业集聚区）"污水零直排区"的"全覆盖"。同时，全市统一组织开展了"低小散"企业分类整治行动，下狠功夫推进工业企业固定源氮磷污染防控工作，提前完成了全市 10 家涉水行业企业整治任务。第二，多措并举强防治。为保护好瓯江"母亲河"的水质不下降，丽水全市上下按照"补短板、强监管、走前列、勇担当"的工作要求，全力推进水利事业实现高质量绿色发展。切实增加瓯江流域水生态保护治理的投资，如瓯江龙泉溪流域自 2017 年以来实施 29 个治水项目，总投资达到了 5.03 亿元；截至 2018 年 9 月底，瓯江大溪流域实施 32 个治水项目，总投资为 9.98 亿元，已完成了 76%；莲都区投资 1.94 亿元，实施瓯江大溪段 6 个治水项目。同时，积极探索实施市场引导的污染治理方式，持续开展排污权有偿使用

---

① 为确保补偿基准的科学性和合理性，丽水市将水质、水量、水效同步纳入横向生态补偿机制考评指标体系，充分考虑山溪性河流丰枯水期分化明显的特性、上游生态流量影响水质能否达标等因素，将水质稳定系数取值为 0.8。该基准获得省级环保部门和各上下游地区的认可。

② 丽水市除了采取资金补偿的方式外，还积极探索对口协作、产业转移、人才培训、共建园区等补偿方式，积极探索开展排污权交易和水权交易。

③ 下游对上游地区为保护水环境而付出的努力予以合理的资金补偿，同时享有水质恶化、上游过度用水的受偿权利。在综合考虑流域生态环境现状、保护治理成本投入、水质改善收益、下游支付能力、下泄水量保障等因素后，协商确定适合每个县每年最高补偿金额为 500 万元。

和交易工作。截至 2018 年 9 月底，已完成 636 家新建项目排污权交易工作，交易金额为 745.5 万元。2020 年，全市完成水利建设投资 35.9 亿元，实施 24 个重大水利建设项目和开展 9 个重大项目前期，全力推进"幸福河湖"创建和农村饮水达标提标工程建设。2021 年，全市完成水利建设投资 43.13 亿元，农田灌溉水有效利用系数测算获省级考评优秀等级。

三是强化、细化生态保护补偿责任落实。环保、财政、水利等部门通力合作，积极出台《市级饮用水源地补偿实施办法（试行）》《生态环境损害赔偿资金管理办法（试行）》等文件，认真推进水源地保护责任、专项生态补偿、损害赔偿制度的落实。统筹协调提高综合考核结果运用，通过补偿协议"倒逼"防治并举，切实加大流域水生态保护治理投入力度，初步建立"保护者受益、损害者付费、受益者补偿"的生态保护补偿机制。

第三节　健全生态环境损害赔偿制度

近年来，丽水市深入贯彻"绿水青山就是金山银山"发展大会精神，坚持"发展服从于保护，保护服务于发展"，聚焦生态环境保护与修复，稳步推进生态环境损害赔偿制度，不断健全生态文明制度体系。

一是加强领导抓合力。2018 年，丽水市成立了生态环境损害赔偿制度改革工作领导小组，由市政府主要领导担任组长，分管副市长担任副组长，21 个相关部门负责人为成员，负责统一领导全市生态环境损害赔偿制度改革工作，统筹推进生态环境损害赔偿制度建设。领导小组定期组织研讨，明确责任单位，及时解决实际工作中出现的困难，保障了改革工作的有序推进。

二是建立制度抓落实。丽水市出台文件，对生态环境损害发生后的磋商机制、修复行为及损害赔偿资金分配等内容进行了规定。同时，充分发挥环境监管网格员效能，加强生态环境损害监测预警，通过实行企业环境信用评价、完善企业环境风险管理措施，从源头上减少生态环境损害事件发生。将生态环境损害赔偿工作完成情况纳入市委、市政府年度综合考核和美丽丽水建设考核，进一步强化了推动该项工作的刚性。2019 年，全市办结的生态环境损害赔偿案件为 9 例，损害赔偿的总金额共计 181.3 万元。

三是创新路径抓实效。在富春紫光水务有限公司生态环境损害赔偿案中，松阳县出台《关于生态环境损害赔偿磋商工作的若干规定（试行）》，根据司法案例、国家有关规定或标准，推动司法确认，提出各方均认可的生态环境损失计算方法，计算赔偿金额 120 万元，为高效解决赔偿问题提供了更合理的办法。在胡某某非法捕捞饮用水源保护区内净化水质的水产品生态环境损害赔偿案中，探索自行修复模式，由胡某某自愿购买 1000 尾鱼苗在饮用水源保护区放生。在公益诉讼探索中，丽水市灵活运用法律解释的方法，围绕裁判规则、损害鉴定、生态修复等，探索解决问题的途径。目前，全市法院审理环境资源类公益诉讼案件 103 件，占全省该类案件总数的 50% 以上。青田县人民法院发出全省首份刑附民公益诉讼案件"行业禁止令"，禁止违法排放污水的被告人在刑期满三年内从事污水处理及相关经营性活动，获生态环境部表扬并列为典型案例。

四是统筹协调抓督查。为加强对全市生态环境损害赔偿制度改革工作的领导，推动生态环境、自然资源（林业）、农业、水利以及法院、检察院、公安等部门联动，形成信息共享、线索移送、联席会议、案件会商、联合调查等长效机制，负责指导、协调生态环境损害赔偿相关事项，评估考核生态环境损害赔偿监督管理成效等重大事项。将生态环境损害赔偿工作纳入美丽丽水建设考核督查范围，汲取借鉴省内发达地区工作经验，加强纵向业务沟通，确保各县（市、区）生态环境损害案例办理工作推进有序、依法合规。

五是严管资金抓保障。丽水市接续出台了生态环境损害赔偿磋商、修复、资金等方面的系列管理制度，加强对损害赔偿资金的分配管理，对需要进行生态修复的生态红线区、环境敏感区优先考虑和适当倾斜，强化资金保障。设立以"个人赔偿损失＋财政支出"为来源的生态环境修复专项资金，统筹用于本地污染防治、生态修复等支出，目前筹集修复资金共计 200 余万元。

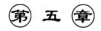 第 五 章

生态产品价值实现保障机制

为促进生态产品价值的高效率、公平性、可持续实现，丽水市大刀阔斧、真刀真枪地进行了体制机制的创新实践。其中，生态产品价值考核机制、生态环境保护利益导向机制方面的改革成效最为显著。

第一节　建立生态产品价值考核机制

一是实施领导干部自然资源资产离任审计制度。2020 年，丽水市出台《领导干部自然资源资产离任审计实施办法（试行）》，规定丽水市党委管理的乡镇（街道）党政主要领导干部离任需要进行专项审计。自然资源资产离任审计的责任行为包括落实丽水生态空间用途管控情况，实施山水林田湖草沙系统修复的效果，落实碧水、蓝天、净土行动的效能，守护生态保护红线、环境质量底线、永久基本农田红线的情况，管控资源利用上限、城市开发边界的情况，创新推动以物资供给、调节服务、文化服务生态产品为核心生产要素的生态产品利用型产业发展情况，完善生态产品价值核算体系、构建产权明晰的生态产品交易市场体系、健全生态产品质量认证体系、推进"花园云"平台建设工程等情况。审计结果作为考核、任免、奖惩领导干部的重要依据。

二是推进 GEP 和 GDP 双考核制度。为充分调动领导干部在生态产品价值实现中的积极性，丽水市充分发挥 GEP 考核的"指挥棒"作用，对政府部门和领导干部个人分别出台了考核办法。对于政府部门的考核，丽水市出台《丽水市 GEP 综合考评办法》，将 GDP 和 GEP 双增长、双转化等 5

类 91 项指标纳入市委综合考核，明确各地各部门提供优质生态产品的职责。

第二节　建立生态环境保护利益导向机制

一　建立生态信用积分（绿谷分）体系

一是出台《丽水市生态信用行为正负面清单（试行）》，从正面清单的生态保护、生态经营、绿色生活、生态文化、社会监督 5 个维度共列 18 条，负面清单的生态保护、生态治理、生态经营、环境管理、社会监督 5 个维度共列 30 条对企业和个人进行信用赋分，建立生态信用守信激励、失信惩戒机制。

二是出台《丽水市绿谷分（个人信用积分）管理办法（试行）》，创建个人信用积分评价体系"绿谷分"App，实行个人自愿注册参与评分，从高到低设立 5 个等级，分别为 AAA 级、AA 级、A 级、B 级、C 级。对信用等级 AA 级及以上个人采取激励性措施，他享受服务优惠、绿色通道、重点支持、媒体宣传等优惠激励政策。丽水市个人信用积分"绿谷分"，由浙江省自然人公共信用积分和丽水市个人生态信用积分两者相加计算而成。个人生态信用积分从生态环境保护、生态经营、绿色生活、生态文化、社会责任、一票否决项 6 个维度考量，最后根据指标细项，加权平均计算而成。2020 年，丽水第一位"绿谷分"个人信用评级 AAA 级的市民王怡武享受到了半价游览云和梯田景区的优惠。

三是出台《丽水市企业生态信用评价管理办法（试行）》，对丽水市行政区域内重污染行业企业、产能严重过剩行业企业、规模以上农业生产经营主体等 10 类进行生态信用评价和管理。

四是出台《丽水市生态信用村评定管理办法（试行）》，对丽水市行政区域内的行政村进行生态信用等级评价。生态信用村评定结果分为 AAA 级、AA 级、A 级、B 级 4 个等级，其中 AAA 级生态信用村享受绿色金融、财政补助、科技服务、创业创新、生态产业扶持等多项激励政策。

二　引导建立多元化资金投入机制

一是创新"两山金融"服务体系，解决了生态产品融资的"信用背书"问题。印发《关于金融助推生态产品价值实现的指导意见》，创新推出与生态产品价值核算相挂钩的"生态贷""GEP贷"等金融产品，通过对生态产品权属的授权登记、价值评估，以及生态产品政府购买和市场交易的未来收益，实现GEP可质押、可变现、可融资。创新推行基于个人生态信用评价的"两山贷"金融惠民产品，将生态信用评定结果作为贷款准入、额度、利率的参考依据，以生态信用评级兑现金融信贷支持。

二是开展生态产品质量和价值与财政奖补相挂钩的试点。试点主要内容为基于GEP核算的生态产品政府采购机制，主要举措分三个层级开展。在省级层面，在出境水水质、森林质量等财政奖补的基础上，率先推进在丽水市试点开展生态产品质量和价值与奖补相挂钩的机制。在市级层面，丽水市研究制定了《（森林）生态产品政府采购制度》，规定市、县两级政府向"两山公司"等市场主体购买水源涵养、水土保持等调节服务类生态产品；建立瓯江流域上下游生态补偿机制，7个县（市、区）每年设立横向生态补偿资金3500万元，通过水质、水量、水效综合测算指数分配补偿资金。在县级层面，全市9县（市、区）全部出台生态产品政府采购试点暂行办法、政府采购资金管理办法。

三　加大绿色金融支持力度

（一）推进农村宅基地"三权分置"改革

一是稳步推进确权颁证。农村宅基地情况比较复杂，既有因交易、继承形成的一户多宅，也有建新房但未拆旧房形成的一户多宅，还有满足分户条件但未分户形成的一户多宅，以及整户户籍转出村集体等各种情形。丽水市分类施策，采取"老人老办法、新人新办法"的原则，积极探索宅基地资格权认定可推广、可复制的经验。截至目前，丽水已完成农村宅基地确权登记54.35万宗，确权率为99.9%。

二是持续推动宅基地使用权流转。丽水市从2014年开始探索构建农村产权流转交易服务体系，实行市场建设和运营财政补贴相结合，建成覆盖市、县、乡三级的"1 + 10 + 172"的农村产权交易平台体系，形成农村产权交易"五统一"管理模式①。截至2018年末，丽水市实现农村产权公开交易2873宗，交易金额4.16亿元，涉及土地承包经营权、林权、农房、集体物业等，带动农村产权直接抵押融资1.16亿元。

三是持续推进农村"三权"抵押贷款扩面增量。制定金融机构服务乡村振兴考核奖励办法，设立专项引导资金，鼓励支持农村产权直接抵押融资；以政府出资和村级互助担保组织为重点，以行业协会组建和商业性运作为补充，持续推进"四级"担保组织体系建设，有效盘活了农村产权，极大地支持了"三农"领域发展。

（二）推行农村金融改革

2012年始，丽水市谋划实施农村金融改革。通过充分融合金融改革"顶层设计"与地方金融发展的现实需求，丽水市在农村产权确权与融资、农村信用评价与使用、农村金融服务体系建设等方面改革取得实效，形成金融功能较为完善、普惠性质显著的"丽水金融模式"。

一是农村产权融资持续增量扩面。丽水市创新推出了林地、农房、茶园、民宿、水域滩涂、矿山、石雕、光伏、农村宅基地、土地承包经营权、公益林补偿收益权、林下经济预期收益、农村集体资产所有权等的融资贷款产品，基本实现了农村产权抵押贷款全覆盖。截至2021年末，全市"三权"抵押贷款分别达到66亿元、56.5亿元、9.8亿元，农村产权抵押贷款余额比上年新增5.5亿元。

二是农村担保体系不断完善。针对农村担保体系薄弱的实际，推进财政出资型、商业经营型、行业合作型、村级互助型"四型"农村融资担保体系建设。特别是针对农房农地等产权价值评估难、不能跨村流转等难题，推进村级担保组织、资金互助社、农民合作社担保等建设，较好地解决了农民抵押物不足和不良贷款处置困难等问题。截至2021年，丽水市已

---

① "五统一"是指统一信息发布、统一交易规则、统一交易鉴证、统一网络操作、统一平台建设。

建成村级担保组织190多家，累计为农户提供贷款担保近20亿元；成立各类资金互助会398个，入会农户2.5万户，累计借款2.5亿元。

三是农村信用体系茁壮成长。丽水市创新推出"信用可变现、信用能融资"的农村信用体系建设，在全国率先推广"统一评估，一户一卡，随用随贷"的"林权IC卡"，建立健全"正向加分，负向减分"的生态信用评价机制，推出融资优先、免费享受文化服务等使用制度，加大信用评价高分农户的信贷支持力度，让农民真正实现"凭信用变现，凭诚信融资"。截至2021年，丽水建成全国首个实现个人和企业信息采集全覆盖的信用信息平台，为全市信用农户累计贷款400多亿元，对1000余户农村文明户发放免抵押贷款8000万元，为85%的行政村办理了"整体批发集中授信"纯信用贷款业务。

（三）探索"两山银行"试点

近年来，丽水市秉承"尤为如此"的嘱托，立足生态禀赋和资源特色，以国家试点市建设为契机，创新建设"两山银行"平台载体，创新开设"金融机构＋两山公司＋生态信用农户"模式，持续建设多层级的生态信用体系，持续健全多元化的生态信用评价使用机制，持续完善生态产品价值实现的金融支持体系。2019年，云和县"两山银行"向雾溪乡授信11亿元，并向生态强村公司和农户发放"两山贷"生态信用贷款60万元。2019年，景宁县"两山银行"向大均乡授信5亿元，发放"生态贷"生态信用贷款50万元；景宁县设立全国首个生态产品价值实现专项资金，发放首笔188万元生态增量奖励金。2020年，缙云县"两山银行"向5户农民发放"生态通"贷款，并向大洋生态强村公司授信3000万元，向两家村经济合作社分别授信1000万元。

（四）启动"碳效码"全面应用

2021年11月21日，《丽水市银行业保险业碳效金融业务操作指引（试行）》（以下简称《指引》）出台。"碳效码"这个新名词进入丽水生态工业视野。"碳效码"是指浙江省统计局、浙江省经信厅结合统计、电力等部门数据，将重点规上工业企业（主营业务收入2000万元以上）生产经营时所产生的电、气、煤、油等数据，根据碳排放因子换算为碳排放量，实现企业碳排放数据的测算和监测，同时自动生成企业碳效标识，形成差异化碳效等级。根据工业企业碳效等级评价清单，浙江省金融综合服务平台丽水专区形成"金融碳效码"标签。碳效等级1、2为金融碳效绿码，碳效等级3为金融碳效黄码，碳效等级4、5为金融碳效红码。2022年，丽水全市金融机构将对金融碳效绿码企业、贷款人适当提高授信额度；对金融碳效红码企业，符合安全环保要求、有订单、有效益的提供技术改造贷款等融资保障，大力推广环境污染责任险等保险产品，支持企业绿色低碳转型。《指引》所称的碳效金融业务，是指将碳排放情况纳入差别化绿色信贷和绿色保险政策，以丽水工业企业"碳效码"评价结果为依据。目前，由银行业金融机构、保险业金融机构向符合条件的市场主体办理的信贷、保险业务，简称"浙丽碳效贷""浙丽碳效保"，自《指引》印发之日起已全面向全市推广、试行。

生态产品价值实现的推进机制

丽水市积极创造条件，将不利因素转变为有利因素，不断破解体制机制障碍，健全全球智力支持体系，持续强化考核督促，有序推进生态产品价值实现。

第一节 有序推进生态产品价值实现试点示范

一是生态产品价值实现试点市建设取得显著成效。2019 年以来，为了稳步推进国家级试点市建设，丽水全市上下团结一致进行探索创新，成立生态强村公司破解生态产品供给主体缺失问题，编制市级地方标准体系破解生态产品价值核算难题，成立"两山银行"破解生态资源抵质押融资难题，申报百山祖国家公园、组建两山合作社、成立碳汇管理局、出台政府采购办法、完善横向生态补偿机制、创新金融支持机制等化解生态产品的市场化交易难题，创设生态信用评价机制引导社会各界参与生态产品价值实现。这一系列体制机制的创新实践为全国开展生态产品价值实现积累了宝贵经验，为《关于建立健全生态产品价值实现机制的意见》出台提供了坚实基础。①

二是全面推进生态产品价值实现示范区建设。以生态产品价值实现机制试点市建设为目标，丽水通过三年来的锐意改革实践、大胆探索创新，

---

① 2021 年 4 月 28 日，国家发改委有关负责同志就《关于建立健全生态产品价值实现机制的意见》答记者问，多次点赞丽水为此意见出台提供的坚实基础。

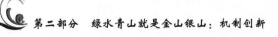

圆满完成了国家改革试点任务。2021 年 7 月 30 日，丽水市通过《关于全面推进生态产品价值实现机制示范区建设的决定》。这标志着丽水将在生态资源资产调查监测、生态产品价值核算运用、生态产品价值市场化实现、横向生态补偿、协同保障促进等方面的改革进一步走深走实，在加快跨越式高质量发展、扎实推动共同富裕方面率先探路。

第二节　强化智力支撑

一是建立"两山智库"人才科技集聚平台。与中科院生态环境研究中心、清华大学、美国斯坦福大学等国内外著名科研院所合作推进"两山智库"建设，聘请美国科学院院士格雷琴·戴利等 6 位专家担任绿色发展顾问，深化生态产品价值实现机制理论研究，开展实践指导。举办全球重要农业文化遗产大会、生态产品价值实现机制国际大会、信息化百人会等学术会议，借脑借智、群策群力，共商"绿水青山就是金山银山"转化之策，共谋"绿水青山就是金山银山"转化之路。

二是全面推动企业和社会各界参与。丽水市人大做出《关于推进生态产品价值实现机制改革的决定》，把国家试点转化为全市人民的共同意志和行动。先后推进 19 个示范乡镇、2 批次共 33 家示范企业、9 个生态文化示范校园、27 个示范社区（村）建设。选派指导员对接联系示范乡镇、示范企业，指导生态产品价值实现工作，提炼并总结典型经验和做法，弘扬生态文化，为完成试点各项任务提供坚实保障。

第三节　强化考核督促

一是建立健全监督考核机制。一方面，通过制定物质产品、文化服务、调节服务三类生态产品的目录清单，发布核算技术规范，开展常态化普查监测机制，丽水市形成定期核算结果发布机制。另一方面，制定出台 GEP 综合考评办法，开展党政领导班子推进"绿水青山就是金山银山"转化成效专项考评，其结果成为班子综合测评的重要事项；制定出台领导干部自然资源资产离任审计办法，开展领导干部上任和离任的生态资源资产专项考评，其结果成为干部奖惩任免的重要参考。

二是建立健全督查督办机制。一方面，依托"丽之眼"生态环境监测网络——浙西南生态环境健康体检中心和报送的丽水市 GEP 综合考评计分表等资料，相关部门联合启动生态环境督查制度，定期对全市建设各项任务落实情况进行监督检查和跟踪推进，及时推广成功经验，解决存在的问题；另一方面，相关部门联合启动生态资源资产的审计制度，定期评价领导干部主管领域内的自然资源资产管理有效性、生态环境保护有效性、生态产品价值实现机制试点推进有效性、"绿水青山就是金山银山"实践创新基地建设成效等事项，对不作为、乱作为、慢作为等问题进行整改督查。

小　结

在区位无优势、交通不发达、基础不夯实的情况下，为提升区域经济发展活力，促进乡村振兴和共同富裕实现，丽水市选择弯道超车、跨越发展。丽水遵循"绿水青山就是金山银山"理念，高举"生态旗"，唱响"绿色歌"，充分利用山水资源优势、农耕文明保存较好优势，积极谋划"绿水青山"与"金山银山"相互转化的道路。

实践探索中，丽水市充分发挥"有为政府""有效市场""有机社会"的合力作用，在生态产品调查监测、评价核算、经营开发、保护补偿、实现保障、战略推进六大机制方面不断探索创新。丽水市在全国首创"河权到户""河长制"，在全国首创乡镇级农村电商服务中心"赶街模式"和"赶街村货模式"，在全国首创工业园区企业进退场的环保监督制度，制定出台全国首份山区市生态产品价值核算技术办法，编制发布全国首份有关GEP核算的技术指南（地方标准），核算完成全国首个最小地域单元（村庄）的GEP价值，创新成立全国首个生态环境健康监测网络，打造形成具有全国知名度的"丽水山耕"农业区域公用品牌。丽水"绿水青山"与"金山银山"相互转化的经验和做法，为全国广大山区高质量绿色发展提供了解决方案，形成具有示范作用、可复制、可推广的丽水案例。

第三部分
绿水青山就是金山银山：模式输出

生态产品价值实现国家级试点完成后，浙江丽水从先行试点阶段发展到先验示范阶段，需要推动产品直供向模式输出跨越。丽水以率先建设生态产品价值实现示范区为推动，全面贯彻党的生态文明建设新理念新要求，做到加强顶层设计与鼓励基层创新并重，深入推进生态文明建设各领域改革，在机制创新、功能拓展、路径开发、标准创设等各方面先行先试，不仅能够提供更多优质生态产品，更能创造和输出更多新时代生态文明建设的"丽水模式"。为贯彻落实"绿水青山就是金山银山"发展理念，提供六大生态屏障区的转化模式，助力"生态+"跨越式发展共同富裕美好社会山区样板建设。

　　不断健全的系统治理体系和良性循环的绿色发展模式是生态文明建设的必然要求，以促进生态系统全面保护和质量改善为基础的绿色发展理念是新时期中国特色社会主义思想的重要组成部分，更是马克思主义基本原理同中国发展实际和中华优秀传统文化相结合的最新成果。

　　创新驱动是生态产品价值实现的原始密码，机制创新是核心，模式创新是关键，管理创新是支撑，政策创新是保障。按照习近平总书记要求，要探索政府主导、企业和社会各界参与、市场化运作、可持续的生态产品价值实现路径。全面深化生态保护和经济发展的深度融合，建立和完善以产业生态化、生态工业化共为主体与相互促进的生态经济体系，是习近平生态文明思想的重要内容。

生态产品价值实现标准模式：
山水林田湖草沙冰是生命共同体

习近平总书记提出："环境就是民生，青山就是美丽，蓝天也是幸福。"解决生态环境问题、推动生态环境保护、加强生态文明建设是需要摆在更加重要的优先序列上的社会民生工程领域。生态产品价值实现既是为了经济发展，更是为了民生福祉。

从绿水青山与金山银山、生态环境保护与共同富裕的关系出发，现代化道路需要处理好三个共同体的关系：重视生态系统的多样性、稳定性和持续性的自然命运共同体；致力于建立持久和平、普遍安全、共同繁荣、开放包容、清洁美丽的世界的人类命运共同体；体现绿水青山就是金山银山的价值观、山水林田湖草沙冰是生命共同体的系统观、良好的生态是最普惠的民生福祉的民生观的人与自然命运共同体。我们要坚持习近平新时代中国特色社会主义思想，为习近平生态文明思想增添全新实践和可复制、可推广的标准模式。

第一节 人与自然是生命共同体

习近平总书记在 2017 年中国共产党第十九次全国代表大会上提出："人与自然是生命共同体，人类必须尊重自然、顺应自然、保护自然。人类只有遵循自然规律才能有效防止在开发利用自然上走弯路。"这一重要的指导性理念，人与自然和谐相处，人与自然是生命共同体，是生态文明建设的本质，更是习近平生态文明思想的重要组成部分。在 2021 年领导人气候峰会上，中国国家主席习近平就应对好气候变化挑战、聚焦气候变化导致的重点问题解决方案等议题，发表了题为"共同构建人与自然生命共同体"的重要讲话，倡议全球提高应对气候变化的决心、信心与合作。要通过系统治理实现生态系统的良性循环，通过绿色发展、技术革新实现传统产业转型升级与可持续发展，坚持人与自然和谐共生，共同构建人与自然生命共同体。这是一种中国传统哲学理论中世间万物相辅相成、共生向荣的道法自然观，将自然界中的各类生态要素放在平等的命格，更是一种对西方国家长久以来的人类中心主义的博弈。人与自然生命共同体强调的是一种平等的理念，人类与世间万物、各类生命要素之间平等共存，但同时也强调了人类在寻求经济发展过程中保护环境、生态治理的主观能动性。坚持绿色发展，是推动科技革命和产业变革的标杆与重点发展方向，构建人与自然生命共同体是中国现代化发展的一个鲜明模式。习近平总书记在 2022 年中国共产党第二十次全国代表大会上再次强调要站在人与自然和谐共生的高度谋划发展。生态产品价值实现既是为了坚持绿色发展理念，更是成为现代化经济发展的中国模式。

自然生态系统与人类的福祉密切相关，因为生态系统提供的物质产品与服务支撑人类的生存和发展。从人类福祉的组成要素，如安全、健康、良好的社会关系、维持高水平生活的基本物质需求、选择与行动的自由等来看，它们处处体现出人类与自然和谐相处的重要性。人与自然的和谐相处是人的本质特征。生态产品价值实现是我们坚持人与自然和谐共生、落实习近平生态文明思想和改善民生福祉的关键结合点，始终坚持和践行"绿水青山就是金山银山"的理念，通过发展一、二、三产业融合，动员全社会力量推进现代化的生态环境优势向生态经济效益转化，实现生态治理和乡村振兴的双赢，让人民群众在绿色高质量发展的进程中获得实实在在的幸福感，走出一条生态保护优先、绿色发展为要、人民幸福为目的的生态文明发展之路。

人与自然生命共同体创造人类文明的新形式，科学把握了人类文明的发展进程，体现了人与自然和谐相处、建设美丽中国的历史智慧和人文情怀。自然生态要素和自然生态系统的平衡共生是人类文明可持续发展的关键，人类与自然的这种共生关系更是追求经济可持续发展的基础。自然生态系统主要提供四方面服务：供给服务、调节服务、文化服务和支持服务，这些均与人类福祉密切相关。我们必须持续深化对人与自然生命共同体的规律性认识，站在人与自然和谐共生的高度来谋划和拓宽生态产品价值实现的路径，以实现更多优质生态产品的价值转换，满足人民日益增长的美好生活需要，实现现代化的人与自然和谐共生。

第二节　人与自然的物质变化与能量流动

生态系统为人类生产生活所提供的物质和服务就是生态产品。生态产品的概念是在党的十八大报告中首次提出的，要求"把生态文明建设放在突出地位，融入经济建设、政治建设、文化建设、社会建设各方面和全过程，努力建设美丽中国"。党的十九大报告提出了优质生态产品的概念，包括清新的空气、清洁的水源、宜人的气候和优美的环境等。优质生态产品的供给与价值实现不仅能够满足人民日益增长的优美生态环境需要，更是提升人民美好生活幸福感的重要指标。将以绿色屏障区"绿水青山、大江大河、草原湿地、戈壁沙漠、冰天雪地、碧海蓝天"为要素的生态资产转化为生态产品并实现其市场价值是实现生态系统对经济社会的支撑作用及对人类福祉的贡献的关键过程，更是实现人与自然物质变换和能量流动的过程。而优质生态产品的正外部经济性一般很难通过市场交易来直接体现其收益外溢，且由于优质生态产品的公共属性所具备的非排他性及非竞争性，它在价值实现机制及价值转换路径的关键环节难度更大，对于经营运作主体的需求和要求更高，往往需要通过"政府引导、市场运作、多元参与"的长效机制设计，以及产权确权、金融加持、价值核算等技术手段使得生态产品价值在市场上得到显现，实现价值传递。这是"绿水青山就是金山银山"转化理念的关键。

清新的空气、清洁的水源、宜人的气候和优美的环境等优质生态产品作为非竞争性很强的公共产品，一般来说是由全体人类共有共享，不具排他性的，人类平等共享的同时不需要承担获得成本。不同于其他物质类产品，生态产品具有无法掩盖的自然属性，任何生态产品都是由自然界或者人类借助自然界的力量来提供的，它强大的社会效益决定了它的正外部性，也决定了自然生态系统治理的必然性。但是当人类的生产生活影响及环境破坏超过了公共产品的承载能力时，公共产品的非排他性将会随之丧失，因为环境保护及生态整治超过了自然环境本身具备的自愈能力，需要投入巨大的额外成本来恢复被破坏的自然环境来获得相对稀缺的优质生态产品。优质生态产品的这一相对稀缺性需要更高的行政支持力度及市场力量的参与，通过促进生态要素的自由有序流动引导生态产品价值转化的协调推进，提高"绿水青山"的经济效益，实现生态产业高质量发展。

第三节 山水林田湖草沙冰系统治理

习近平总书记在党的十八届三中全会上第一次提出了"山水林田湖是一个生命共同体"的理念，强调了自然要素之间的有机整体联系。在党的十九大报告中，他又明确提出"人与自然是生命共同体"，采用唯物辩证法从统一保护和统一修复的角度强调人类与山、水、林、田、湖等自然要素的有机联系。2018 年 5 月 18 日，习近平总书记在全国生态环境保护大会上将 2017 年多次提出的"统筹山水林田湖草系统治理"明确为"山水林田湖草是生命共同体"，确定了"山水林田湖草是生命共同体"的战略地位，扩展了生命共同体的边界和范围。2021 年 3 月 5 日，习近平总书记在参加第十三届全国人民代表大会内蒙古代表团讨论审议时指出，"统筹山水林田湖草沙系统治理，这里要加一个'沙'字"，并在 2021 年 4 月 22 日领导人气候峰会上的讲话中强调："山水林田湖草沙是不可分割的生态系统。"2021 年 7 月 21 日，习近平总书记在考察西藏时明确提出"坚持山水林田湖草沙冰一体化保护和系统治理"，将"冰"字纳入了生命共同体当中，使得生命共同体的范畴更为完整。

"坚持山水林田湖草沙冰系统治理"思想的形成过程，是习近平生态文明思想对自然生态系统的系统性、整体性和有机性科学认识的不断深化，也是生态文明建设科学方法论和唯物辩证论的不断创新。"山水林田湖草沙生命共同体"体现了生态系统与社会系统共生共荣、相互依存的综合性系统特征。生态治理机制与科学技术作为中间变量贯穿系统治理优化全过程，不仅可以提升生态系统治理效率，更是生态文明建设的保障措施。

"坚持山水林田湖草沙冰一体化保护和系统治理"指出了山水林田湖草沙冰是一个生命共同体，人与自然也是一个生命共同体。生命共同体理念在强调山、水、林、田、湖、草、冰等自然要素相互联系的整体性和系统性的同时，也强调了人类对生态系统实施生态保护与修复时的生态价值和经济价值，在多元主体共同参与、全社会共同投入的治理机制下不断促进良好生态恢复与生态经济协调发展，实现人与自然和谐共生，构成了生态产品价值实现的标准模式。

第二章

生态产品价值实现非标模式：
五大生态功能屏障区

生态功能屏障区是指充分发挥生态富裕区域的生态系统结构与功能，使其通过自我维持和自我调控达到维护生态系统安全的作用，是维护该区域生态安全红色底线与可持续发展的治理机构与功能体系。浙江省绿水青山、四川省大江大河、新疆戈壁沙漠、内蒙古草原湿地、西藏冰天雪地、海南碧水蓝天等都是典型的生态功能屏障区，开展绿色屏障区建设是各省生态文明试验区建设的重点任务。

第一节　绿色屏障建设重点问题

"绿色屏障"是一个一般意义上的描述性用语，另有"生态屏障""生态功能屏障""生态恢复工程""生态环境保护屏障"等功能与意义相类似的用词。自1999年中央实施西部大开发战略以来，生态环境建设成为西部大开发战略的根本和基础性建设任务，更是改善西部全局性民生工程的关键切入点，绿色屏障建设的提法也日益增多。各个省市根据各自自然资源分布情况与经济发展特色，逐步提出切合各自实际的生态屏障建设规划。生态屏障建设承担起生态保护与恢复、区域经济发展的双重任务，尤其是生态屏障区的区域正外部性对中国经济高质量绿色发展以及"绿水青山就是金山银山"的转化实践具有非常积极的意义。然而，在生态屏障建设过程中，如何建设生态屏障区，如何解决建设过程中的基本矛盾，应该遵循怎样的生态屏障建设标准等，也存在诸多问题。

一是碎片化现象严重。政府各职能机构与部门之间在综合规划与专项规划之间存在明显的信息壁垒，不同职能部门间数据不共享，技术规范不一致。二是针对自然资源的确权与核算标准不统一，目前国内乃至国际上都没有形成统一的核算标准。三是生态屏障建设主体单一。目前，各省市生态屏障建设均是以政府为单一主体，很难发挥市场在自然资源配置中的作用。

另外，在生态资产确权主体、交易主体、交易平台等方面也存在明显的主体缺失问题。生态屏障区的复杂性、差异性使得建设生态屏障的过程仍是一个探索性的过程，各个省市的实践也存在着区域性的问题。在生态屏障建设过程中如何实现价值转换是一个关键问题。习近平总书记强调，"要加快建立生态产品价值实现机制，让保护修复生态环境获得合理回报"。所以，生态产品价值实现机制试点生态屏障区建设应当引入市场机制，提升政府治理能力，采取推进环境保护执法体系建设等有效措施。

第二节　丽水绿色屏障建设

丽水作为浙江乃至华东地区重要的生态屏障，是首批国家生态文明先行示范区与国家生态保护和建设示范区，是首个"中国天然氧吧城市"，素有"中国生态第一市"的美誉。森林覆盖率达到 81.7%，生态环境状况指数已连续 18 年引领浙江，空气质量稳定排在全国前列。丽水在全国率先制定实施生态文明建设纲要，全力创建丽水国家公园，定位市域九区县，建设画乡莲都、畲乡景宁、田园松阳、康养遂昌、石都侨乡、剑瓷龙泉、黄帝仙都、童话云和、廊桥菇乡九大特色主题大花园，深入践行"绿水青山就是金山银山"理念，深化生态文明建设，着力于生态屏障区建设，全方位开展生态保护与生态修复，积极落实生物多样性保护工作。同时，在建设生态屏障的进程中，致力于拓宽"绿水青山就是金山银山"转化通道，开展全国首个生态产品价值实现机制改革试点工作，系统化、制度化、规范化地探索生态产品价值实现机制，在实现人与自然和谐共生的过程中谋求经济发展。

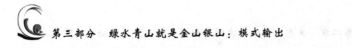

为了把丽水市建设成为"浙江省重要的生态屏障"，丽水市面临着构建价值核算评估应用机制、生态产品市场交易体系、生态价值产业实现标准、生态产品质量认证体系、生态产品实现支撑体系五大任务，致力于打造五大指标体系。一是绿色发展机制，反映绿色发展的政府作为，如生态补偿、林权抵押贷款等生态发展机制以及干部考核等行政机制。二是生态信用指标，反映绿色发展的生态意识，如农产品可追溯体系、农村信用银行等。三是美好生活指标，反映绿色发展的生态意识，如农产品可追溯体系、农村信用银行等。四是 GEP 指标，反映生态系统价值总值，包括森林、湖泊、河流、草地、海洋等生态基底以及生态系统为人类提供的物质产品、调节服务产品和文化服务产品。五是生态经济指标，反映生态产品价值转化程度，如"绿水青山就是金山银山"经济（生态产品总值）占当地 GDP 的比重、生态产品总值增长率对 GDP 增长率的贡献率、生态产品品牌价值等。

五大指标体系

生态产品价值实现典型模式：
绿水青山就是金山银山

2005 年 8 月 24 日，习近平同志在浙江日报《之江新语》专栏上正式发表了《绿水青山也是金山银山》这一评述性文章，系统阐述了"绿水青山就是金山银山"这一理念。第一阶段是用绿水青山去换金山银山；第二阶段是既要金山银山，也要保住绿水青山；第三阶段是绿水青山就是金山银山。他从三个阶段清晰梳理了对"绿水青山就是金山银山"关系的认识过程。五大发展理念把高质量绿色发展放在更为重要的位置，同时向生态经济要发展红利，以生态产品价值助推山区共同富裕，奋力打造跨越式发展金增长极，把握好乡村振兴战略发展机遇，以浙西南革命精神为指引，用好思想跨越、双招双引、平台集聚、绿色低碳等关键战术，从传统产业向生态经济新场景、新模式、新业态的新生产函数重建。在"绿水青山就是金山银山"理念的指引下，丽水拓宽"绿水青山就是金山银山"转化通道，2019 年成为全国首个生态产品价值实现机制改革试点城市，成功塑造了生态产品价值实现典型模式。

第一节 丽水之赞

习近平总书记主政浙江期间，曾 8 次来到丽水，深情赞叹"秀山丽水，天生丽质"，寄予"绿水青山就是金山银山，对丽水来说尤为如此"的重要嘱托。在 2018 年深入推动长江经济带发展座谈会上，习近平总书记又指出："浙江丽水市多年来坚持走绿色发展道路，坚定不移保护绿水青山这个'金饭碗'，努力把绿水青山蕴含的生态产品价值转化为金山银山，生态环境质量、发展进程指数、农民收入增幅多年位居全省第一，实现了生态文明建设、脱贫攻坚、乡村振兴协同推进。"这就是被丽水人民自豪地称为"丽水之赞"的重要讲话。故作为"绿水青山就是金山银山"理念的重要萌发地和先行实践地、"丽水之赞"的光荣赋予地，丽水市明确提出要以"丽水之干"担纲"丽水之赞"，勇做跨越式高质量发展道路上奋勇向前的新时代"挺进师"，努力推动丽水成为全面展示浙江高水平生态文明建设和高质量绿色发展两方面成果与经验的"重要窗口"。

第二节 丽水色彩

"红色""绿色""金色"是丽水最具魅力、最富价值、最引以为豪的动人色彩和显著标识。"红色"是丽水的精神本底。丽水市是浙江省唯一所有县（市、区）都是革命老根据地的一个地级市。周恩来、刘英、粟裕等老一辈革命家和无数革命英烈都曾在丽水留下战斗足迹，中国工农红军挺进师曾在这里浴血奋战，缔造了伟大的浙西南革命精神。"绿色"是丽水的自然本底，被喻为"中国生态第一市"和"浙江绿谷"。山是江浙之巅，水是六江之源。丽水市森林覆盖率达到81.7%，生态环境状况指数连续16年排在浙江省首位，空气质量稳定维持在全国前列。"金色"，即努力打造金色"新增长极"。围绕打造浙江省新发展格局中的新增长极目标，以做强中心城市来建造区域增长极的火车头，以创新引领来构建区域增长极的强引擎，以壮大生态工业来增强区域增长极的动力源，努力走出一条具有鲜明丽水特色的山区跨越式高质量发展的新路子。

丽水市坚持全面学习贯彻习近平生态文明思想，深化"绿水青山就是金山银山"理念创新实践研究，努力拓宽"绿水青山就是金山银山"转化通道。重点开展以国家公园创建机制的"丽水样本"、革命老区振兴"红绿融合"发展路径、"跨越式＋金增长极"高质量发展模式等为主题的系列调查研究，大力推进实践创新基础上的理论总结和理论创新，点绿成金共富路径拓展，创供"生态+"发展模式。

第三节 丽水典范

生态产品价值实现机制改革已经成为丽水改革的头号金名片，生态产品价值实现机制从全国试点走向全国示范。

2019年1月，推进长江经济带领导小组办公室同意浙江丽水市启动建设生态产品价值实现机制示范区。丽水市全面探索"可复制、可推广"的生态产品价值实现路径。按照习近平总书记的要求，开展"政府主导，企业和社会各界参与，市场化运作的生态产品价值实现可持续发展路径"，通过推进"产业生态化、生态产业化"，促进GEP与GDP双增长、双转化、可循环、可持续。已圆满完成首个生态产品价值实现机制国家级试点，成果和经验在中央深改委第十八次会议上得到全面肯定，研究报告内容被中办、国办《关于建立健全生态产品价值实现机制的意见》充分吸收。丽水市经过不懈努力成功探索出生态产品价值实现的"丽水经验"和"丽水模式"，代表了新时代中国山区绿色发展的新进展和新成果，全面展示了中国特色社会主义制度的文明取向与时代价值，为推进世界山区绿色发展与人类命运共同体建设贡献了中国方案和东方智慧。2021年5月，国家发改委在丽水市召开全国试点示范现场会，肯定了丽水试点时期的成绩，并同意开展生态产品价值实现先验示范。

"绿水青山就是金山银山"是生态产品价值实现的典型模式。"绿水青山"所代表的资源禀赋在绿色发展阶段以技术驱动与资本驱动为主导，提高了资源利用率，降低了污染排放率，延长了生态产品价值转化的全产业链，增加了生态产品附加值与市场规模，促进了生态产业与其他产业的相互融合、相互促进，实现三产联动、集聚发展。生态循环技术的不断发展以及生态资源禀赋的异质性，决定了生态产品价值实现多产品、多创新、多产业的多样化发展模式，促进传统产业结构的绿色转型，创造新的绿色高质量经济增长点，多途径实现生态产品生态价值向经济价值的转换。

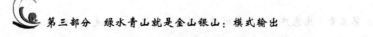

　　随着生态产品关键要素边际报酬递增和风险抵抗能力的提升，资源要素配置协调优化，从生态产业化和产业生态化两个层面促进资源禀赋区域的正外部性补偿，发挥政府在再分配领域的关键性作用，增加人民收入，缩小区域差距，为通过生态产品价值实现来助推共同富裕提供了典型模式。

生态产品价值实现推广模式：
双转化的自平衡点 GEDP

丽水市从价值论、系统论和民生论等理解和领会"绿水青山就是金山银山"理念，形成基于"多维一体"协同理论体系的生态产品价值实现模式；致力于以生态产品价值实现先行示范试点实践与相关经验为研究基点，总结生态产品价值实现"调查监测、价值评价、经营管理、保护补偿、实现保障、实现推进"六大机制创新经验，初步构建现代生态经济体系"生态＋跨越式"高质量绿色发展模式；以 GDP/GEP 双核算双考核、可循环可持续为导向，创新生态产品价值实现路径，构建和推广 GEDP 评估与转化模型和标准体系，推进共同富裕美好社会山区样板建设。

浙江省丽水市近年来不仅实现 GDP 和 GEP 双增长，GEP 向 GDP 转化率也进一步提高，GEP 向 GDP 的转化率（GDP/GEP）同样稳中有升，表明生态系统生产总值在地区生产总值中的比例越来越高，越来越多"绿水青山"的生态价值成功转化为"金山银山"的经济价值。这既是丽水坚持绿色生态发展综合成效的体现，也是丽水探索生态产品价值实现改革阶段成效的体现。

第一节 浙江模式

浙江省在中国几千年的发展史上一直具有小商品生产发达的民营经济发展传统，近代以来，发展经济更多地需要依靠市场以及民间的经济活动。浙江省坚持以公有制为主体、多种经济成分共同发展的原则，充分发挥浙江经济发展的传统优势和特点，紧密依靠市场和小城镇建设，积极探索，大胆实践，取得了显著成效。

　　改革开放后，浙江经济增长状况从全国第14位到稳居第4位。不同于以"三资"企业为主要组织载体的"珠江模式"和依托体制内经济的"苏南模式"，浙江省走出了一条以市场为导向、以民间诱致性制度创新为动力、以农村工业化和小城镇发展为主线的内发型区域经济发展的"浙江模式"。市场化是浙江的最大亮点，是区别于其他地区的最大特征，通过"诱致性制度变迁"实现工业化、市场化、城镇化三个过程的有机融合。比如，制度转型的浙江模式有"体制外再造"的温州模式、"体制内突围"的萧山模式、"体制外分销"的义乌模式以及"内外夹击，内部生变"的宁波模式四个典型的小区域模式。从基本温饱到小康生活的历史性跨越，浙江省在市场运营和政府主导共同作用下，以中国特色社会主义理论为指引，开创了农民为主体的市场化、工业化、城镇化的浙江现象、浙江经验、浙江模式。

第二节　丽水模式

　　丽水市地处浙西南山区，地貌特征为"九山半水半分田"，是全省生态自然特色最为鲜明的地区。自撤地建市以来，丽水第一次党代会就提出"生态立市、绿色兴市"发展战略。多年来，丽水市坚持生态优先、绿色发展的战略主线，尤其是被列为生态产品价值实现机制试点市之后。经过近两年试点探索，丽水市走出了一条价值核算为前提、政府购买为基础、强村公司为平台、绿色金融为保障、特色产业为重点、生态信用为关键、科技创新为引领、农村电商为纽带、交通物流为支撑、生态文化为根本的生态产品价值实现的"丽水模式"。这是一条新型的以"生态产品市场化"为核心的"浙江模式"。

　　作为"绿水青山就是金山银山"理念的重要萌发地和先行实践地，丽水市在"八八战略"指引下，以生态经济为经济发展的新增长极，以生态、生产、生活良性互动实现美丽环境、美丽经济、美好生活深度融合，实现了生态保护和经济高质量发展的和谐共赢。十年间，丽水市生产总值增长2.3倍，工业增加值增长2.3倍，一般公共预算收入增长1.9倍，城镇居民收入增长2.4倍，农村居民收入增长2.8倍。绿水青山就是金山银山，丽水市多年来坚决贯彻生态优先的绿色高质量发展战略，打开"绿水青山就是金山银山"转化通道，不断探索和创新，致力于打造生态优势变成经济优势的浑然一体、和谐统一的辩证发展关系，沿着一条具有丽水特色的生态优先的绿色高质量发展之路，和全省同步实现了高水平全面建成小康社会的第一个百年奋斗目标。

第三节　推广模式

2022年，丽水市政府颁布全国首个地级市《生态产品价值实现"十四五"规划》，以生态产品价值实现机制试点工作为基础，总结丽水市生态产品价值实现和机制试点的成效，推动改革从先行试点走向先验示范，并提出"十四五"时期丽水生态产品价值实现的发展目标、总体思路、实现路径、机制创新内容和保障措施。它重点聚焦健全生态产品价值产业化、市场化实现机制，出台生态产品政府采购和市场交易管理办法、林业碳汇开发及交易管理暂行办法，加快建设国家级生态产品交易中心，继续拓展出一条"生态环境优美化、生态环境人本化、生态资源产业化、生态产品市场化、生态产业高效化、生态产业品牌化"的生态产品价值实现市场化模式。

一方面，以市场为导向，充分彰显生态环境的经济正外部属性和生态产品的市场价值，使得生态环境作为在人民对美好生活追求中迫切需要的稀缺资源所带来的经济价值倍增潜力，促进生态要素向生产要素、生态优势向经济优势转化，实现生态经济化；另一方面，以绿色发展为核心，将生态环境优化作为经济高质量发展的先决条件，通过对经济活动方式进行生态化改造，促进经济体系向创新主导型、市场有效型、资源节约型、环境友好型转变，实现经济生态化。致力于以绿色屏障区"绿水青山、大江大河、草原湿地、戈壁沙漠、冰天雪地、碧海蓝天"为要素样本，立足

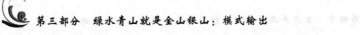

"政府引导、市场运作、多元参与"的长效机制，构建"绿水青山向金山银山"转化的六大"生态+跨越式"高质量绿色发展实践模式，塑形可持续、可循环的关键自平衡点 GEDP（生态产品价值实现标准模型）并进行先验示范。以生态产品价值实现机制中的价值推进机制、评价核算机制与经营开发机制为重点，科学度量绿水青山生态价值，推动企业和社会各界参与，拓展生态产品价值实现路径。

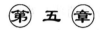

生态产品价值实现乡镇模式：人与自然的能量传递要素

浙江省于 2018 年与农业农村部签署省部共建乡村振兴示范省合作协议，以创新型绿色发展理念引领乡村振兴，成为全国唯一的省部共建乡村振兴示范省，在乡村产业发展振兴过程中，通过发现、解决山区乡村发展面临的问题，总结出丰富的实践经验。多年来，丽水的发展之路坚持生态文化为根本，科技创新为引领，实施天眼守望（天地空遥感＋）、双向发力（有为政府＋有效市场）、标准创设（品牌＋标准化），致力于打造特色化、系统化、生态化的丽水乡镇模式化样板。

丽水市按照习近平总书记的要求，加快"绿水青山就是金山银山"转化步伐，不断探索具有丽水特色的生态产品价值实现路径与建设样板，实现了生态文明建设、脱贫攻坚、乡村振兴协同推进的成效。通过人与自然的能量传递及辩证统一，协同共建"人与自然生命共同体"，为全省乃至全国乡村发展奉献了一份可复制、可借鉴、可推广的实践经验，走出了一条强村公司是平台、生态信用是关键、绿色金融是保障、价值核算是前提、特色产业是重点、政府购买是基础、农村电商是纽带、交通物流是支撑的生态产品价值实现的"丽水模式"。

第一节　强村公司是平台

何谓"强村公司"？乡村生态产品的价值实现过程中，一方面存在地处山区、资源分散、经营规模小、闲置资源盘活难等问题，另一方面存在生态产品的供给及交易"主体缺失"问题，导致乡村经济"消薄"难度大。为破解这一难题，丽水市积极推动打造强村富民平台建设，在"产权清晰、集体经营、多方联动"的原则下，以县级、乡镇级行政区域为主导、村级集体单元（村股份经济合作社）为补充，依照《中华人民共和国公司法》的相关规定，由村集体经济组织独资或多村联合投资等多方主体以协同共建的形式成立"强村公司"。

乡镇级集体经济以强村公司为平台，根据各自的资源禀赋，通过抱团发展的方式将零碎分散的自然资源整合起来，进行综合整治、提升，有效盘活乡村闲置资源，进行市场化经营，打破以往单打独斗局面，突破村域限制，科学培育农产品、农旅、能源等乡村业态，从而打造规模化、产业化、市场化的运营特色品牌。致力于破解村级集体经济发展难题，增强经济薄弱村的"造血功能"，树立村级集体经济发展典型，探索村集体经济发展壮大新路径和新模式，打造产业振兴的丽水新样板，从而促进乡村振兴整镇推进，为实现共同富裕奠定重要基石。另外，在强村公司基础上，丽水市探索成立了一批专门从事乡村生态资源资产保护、修复和经营的生态强村公司，充分发挥强村公司生态环境保护与修复主体、生态产品市场化交易主体、政府购买生态产品主体、自然资源管理与开发主体、生态资源运营主体、公共生态产品供给主体等功能。

青田县通过强村公司建设切石坊小微产业园项目实现石雕产业的规模化经营；以强村公司为平台组织200多个经济薄弱村联合开发闲置土地资源，通过广泛筹资、抱团投资平湖"飞地"产业园项目，为资源"飞地"带来集体经济红利，实现乡村振兴山海协作模式的创新升级。松阳县作为"最后的江南秘境"，依托百余个传统村落古民居，以实物资产、资源的经营权和使用权作价与强村公司合力进行旅游开发；以强村公司形式开展建设豆腐工坊、白老酒工坊；松阳县乡镇级强村公司与村股份经济合作社抱团共同投资的"余姚消薄飞地产业园"项目、"松阳—嘉兴松州飞地产业园"项目已实现多次收益分红，致力于以文化引领实现乡村复兴。缙云县方溪强村公司创新"党支部＋强村公司＋农户"模式，打造"方溪山宝"农特产品自有品牌，升级了农产品溯源体系，推进了生态产品标准化，以高品质农业为基础实现了产业融合的资源增长型经济发展。景宁县毛垟乡毛垟村与相邻3个行政村共同出资组建了实体化运营的强村公司，抱团建立区域联合苔藓基地，与丽水市润生苔藓科技有限公司签订毛垟乡苔藓种植（科普）示范基地合作开发项目，解决当地村民200余人就业，带动百余户经营个体协同增收。

第二节　生态信用是关键

随着党的十九大报告中明确提出"坚持发展新理念，坚持高质量发展，推进诚信保障体系建设"的要求及2018年习近平生态文明思想的正式确立，中国对于生态文明建设的认识提升到一个新的高度。丽水市作为全国首个生态产品价值实现机制试点市，紧扣"生态信用领跑者城市"定位，为生态产品价值转换提供良好的信用环境及丰富的信用保障措施，开创性提出构建生态信用体系，以多元化协同监管、多主体评价标准、多层次评价指标为原则，以体制机制创新为抓手，建立和完善社会多元化、全覆盖的信用保障和激励机制，构建科学化、多元化、系统化的生态信用体系，为生态产品价值实现保驾护航。

一　顶层设计，风险防范

丽水市开创性构建"1＋2＋3"标准化生态信用体系，即"1项机制""2份清单""3个评价"，聚焦机制体系创新、生态循环发展，为全国生态信用体系建设提供具有可行性和可操作性的丽水模式。

"1项机制"是指生态信用联合激励和惩戒机制。基于生态信用信息集享机制与生态信用信息评价机制的建设与深化，形成《丽水市关于开展生态信用守信联合激励和失信联合惩戒工作的实施意见》，在全面梳理联合奖惩认定部门及对象、认定程序和信用共享、联合奖惩措施、联合奖惩实施方式、保障措施的情况下，分主体、分类别地完善生态信用联合激励和惩戒机制。

"2份清单"是指生态信用行为正负面清单、生态信用联合奖惩清单。

其中，生态信用行为正负面清单以企业和个人为适用对象梳理形成，探索建立生态信用守信激励、失信惩戒机制。生态信用行为正面清单包括生态保护、生态经营、绿色生活、生态文化、社会监督 5 个维度，涵盖生态环境保护、绿色生产经营、绿色生活方式等领域，共计 18 条 57 项内容。生态信用行为负面清单包括生态保护、生态治理、生态经营、环境管理、社会监督 5 个维度，涵盖违反林业砍伐规范、非法占用耕地、触犯自然资源规划管理规定等对丽水生态环境具有严重破坏的失信行为，共计 31 条 149 项内容。

生态信用联合奖惩清单以企业、自然人、社会组织、行政机关、事业单位 5 类公共信用评价主体为对象梳理形成，激励措施包括"给予公共管理、公共服务相关便利""给予市场交易成本方面优惠、倾斜""给予评比表彰、任职等方面优先激励""给予民生领域各项便利、优惠" 4 类 35 条，惩戒措施包括"限制或禁止失信主体的市场准入、行政许可""加强对失信主体的日常监管，限制融资和消费""限制失信当事人享受优惠政策、评优表彰和相关任职""其他惩戒措施" 4 类 30 条，共计 65 条内容。

"3 个评价"是指针对个人、企业和行政村的生态信用评价，对应形成《丽水市个人信用积分（绿谷分）管理办法》《丽水市企业生态信用评价管理办法》《丽水市生态信用村评定管理办法》。

其中，个人生态信用积分由浙江省自然人公共信用积分和丽水市个人生态信用积分两者共同组成，通过生态保护、生态经营、绿色生活、生态文化、社会责任、一票否决项 6 个维度共计 44 个指标细项加权平均计算而成。企业生态信用评价从生态经营、生态保护、社会责任、一票否决项 4 个维度，根据 22 个指标细项加权平均，构建评分模型。生态信用村评定，遵循试点先行、逐步推开、定量为主、激励导向原则，根据行政村空气状况、森林资源保护、水生态保护、农田生态保护、村庄环境治理、生态经营、生态文化及辖区内严重失信行为等信用信息，以定量指标和定性指标相结合的方式制定百分制统一评定标准。

二　多元协同，过程监管

数据归集共享是打造全链条闭环、多层次应用场景的生态信用体系建设的核心环节，推进分散在多个职能单元的信息互联互通，打破数据"壁垒"与数据标准不统一的藩篱，率先建立生态产品价值实现领域生态信用守信激励、失信惩戒机制，为实现生态产品品质溢价和质量安全提供有效支撑。针对个人、企业、集体多元主体，将信息技术创新、多元化协同、生态协同等理念引入生态信用体系建设，以"花园云""信用丽水"为基础平台全力打造全市信用大脑，实现多元数据共享，构建多元化信用评价模型，丰富生态信用评价体系建设。

三　层次分明，考核奖惩

针对个人、企业、行政村等不同信用主体设定形成 AAA－D 级不同档次量化评分制度。其中，个人信用积分从高到低设立 5 个等级（AAA－C），依次为信用优秀、信用良好、信用一般、信用警示及信用差。不同积分等级将采取不同奖惩措施，其中联合激励措施以 AA 级以上信用个人为激励对象，主要体现生态优惠、社会便利、降低成本导向，对 C 级信用等级个人采取惩戒措施。企业信用评价从高到低设立 4 个等级（ABCD），A 级为激励对象，D 级为惩戒对象；生态信用村评定结果设为 4 个等级（AAA－B），对 AAA 级、AA 级生态信用村组织授牌，AAA 级生态信用村享受绿色金融、财政补助、科技服务、创业创新、生态产业扶持等多项正向激励举措。以上激励惩戒措施均以生态保护相关法律、法规、标准和契约为依据，已推出了"信易行""信易游""信易购"等 10 大类 53 项基于个人生态信用积分的激励应用场景。另外，丽水市与上海市黄浦区联合推动黄浦—丽水"信游长三角"建设，形成集旅游、民宿、餐饮、购物等为一体的两地诚信市民互认应用场景近 40 个，并在"信用丽水"网站开辟长三角信用信息专栏，推进两地重点领域信用信息共享。

云和梯田景区多家特色民宿和餐厅通过"信易游"为生态信用守信者（绿谷分等级为 AAA 级和 AA 级的市民）提供购票、住宿、用餐等信用优享旅游服务，即对梯田景区购票和食宿实行优惠折扣。

经济活动中"绿色溢价"的降低、生态产品"难度量、难抵押、难交易、难变现"的破解，生态信用作为生态产品价值实现的重要任务和保障要素，生态信用体系的建设至为关键。"生态信用"品牌成为丽水市信用建设示范区的典型经验。

第三节　绿色金融是保障

当前中国绿色金融发展处于初始阶段，世界范围内学术界及社会各界对于绿色金融尚无法给出一个明确的定义与评价标准。由于环保信息不对称，增加了绿色金融业务开展的风险防控难度与投资壁垒，绿色金融产品种类较单一。丽水市作为全国农村金融改革试点之一，同时是全国首个生态产品价值实现机制试点市，开展绿色金融具有良好的地缘、资源、环境等优势，符合绿色金融发展方向和要求，也是推动绿色金融发展的一个良好平台。针对生态产品在价值核算、市场交易、抵押融资、价值实现等方面面临的实际困难，探索生态产品价值实现和绿色金融的有效融合是丽水市绿色经济高质量发展的重要领域。根据中共中央办公厅、国务院办公厅印发的《关于建立健全生态产品价值实现机制的意见》和浙江省人民政府办公厅印发的《关于印发浙江（丽水）生态产品价值实现机制试点方案的通知》等文件精神，丽水市积极谋划绿色金融创新。

一　机制创新

丽水市出台了《浙江（丽水）生态产品价值实现机制试点方案》《丽水市（森林）生态产品政府采购和市场交易管理办法（试行）》等政策文件，为绿色金融产品创新提供了制度支撑；制定了《基于生态产品价值实现的金融创新指南》的市级地方标准，为绿色金融发展提供了标准指引；推出了《金融助推生态产品价值实现的指导意见》，积极探索构建生态价值融资体系。

二　产品创新

丽水市以生态信用体系为基础，开创性地推出"生态信用＋"绿色金融产品，开发出以生态产品的预期收益作为还款来源发放的"生态贷"、以生态信用为信贷融资前提和优惠条件的"两山贷"、以茶叶质量溯源平台中的茶叶交易场景为授信接入点的"茶商 E 贷"为代表的一系列金融产品，以金融力量为生态产品价值实现注入新活力，实现生态产品可质押、可变现、可融资，助推"绿水青山"源源不断地转化为"金山银山"。

第四节 价值核算是前提

针对生态产品"难度量、难抵押、难融资、难变现"的特征，生态产品价值核算是生态补偿、生态产权融资、生态权益交易等各类价值转换实现模式的基础。

丽水市和中国科学院生态环境中心合作，依托中国（丽水）两山学院，研究并出台了全国首个山区市生态产品价值核算技术办法，发布《生态产品价值核算指南》地方标准，推动并参与省级标准制定，推进国家标准制定。开展全市、县、乡（镇）、村四级 GEP 核算，为推动生态产品价值实现提供了科学依据。目前，丽水已全面完成全市、各县（市、区）、试点乡镇及所辖村生态产品价值核算。丽水市在总结实践成果的基础上，以价值核算与实践探索为基础，研究制定《关于促进 GEP 核算成果应用的实施意见》，构建 GEP 核算成果"六进"应用体系。

一 GEP 进规划

GEP 作为生态效益的评估指标，为践行"绿水青山就是金山银山"理念与促进生态文明建设提供核算支撑。可考虑将 GEP 作为预期性指标纳入"十四五"时期经济社会发展规划纲要，先行先试，为全省乃至全国范围内生态产品价值核算提供可复制、可借鉴的样板。

二 GEP 进考核

建立 GDP 和 GEP 双核算、双评估、双考核机制：研究制定 GEP 考核指标体系，将 GEP 和 GDP 的双增长、GEP 向 GDP 的快转化等 4 个方面 30 项指标列入市委对各县（市、区）年度综合考核指标体系。丽水市制定了《丽水市 GEP 综合考评办法》，开展生态产品价值实现机制试点专项审计。

三 GEP 进监测

丽水市对通过卫星遥感技术获取的数据进行处理与分析，结合 GEP 核算构建生态环境监测、土地监测、应急响应等多个应用场景，结合"花园云"生态环境智慧监管平台和"天眼守望"卫星遥感数字化服务平台，创新性成立浙西南生态环境健康体检中心。这是全国首个生态环境健康体检中心，以期探索性构建生态产品空间信息数据库，实现 GEP "一张图"一键计算与动态实时展示。

四 GEP 进交易

随着 2021 年浙江省华东林交所迁址重组落户于丽水，作为经国家林业局批准同意的全国首个林业碳汇交易试点平台，也是首批通过国务院交易场所部际联席会议核准备案的交易所，结合 GEP 核算，它为丽水市丰富的生态产品提供了一个具有合法资质、统一核算标准的交易平台。出台丽水市排污权有偿使用和交易管理办法、《丽水市碳汇生态产品价值实现三年行动计划（2020—2022)》，以及丽水市、县两级森林生态产品市场化交易管理办法等以促进并规范包含排污权交易、碳汇交易、GEP 责任指标交易等在内的生态资源权益交易，以制度约束创造生态产品的市场需求，为丽水市生态优势与经济优势双向转化开启了新的局面。

五 GEP 进项目

将项目建设与 GEP 核算结合，一方面，可以确定调节服务类生态产品价值量，确定项目"生态溢价"；另一方面，可以从环境变化、节能减排等方面分析项目对所在区域的土地、草木、环境等各类生态资源的影响。

生态产品价值实现机制改革已经成为丽水改革的头号金名片，丽水市生态产品价值核算从先行试点走向了先验示范。

六　进决策

将"三重一大"（即重大事项决策、重要干部任免、重要项目安排和大额资金的使用）决策综合评价体系与 GEP 动态指标结合。一方面，将 GEP 指标作为制定决策的核心准则和约束条件之一，构建全面责任指标体系，以改善生态环境质量和提升绿色发展水平。另一方面，结合 GEP 指标确立一套责任追究机制，科学评估"三重一大"决策对 GEP 持续供应能力的影响及其对生态功能退化的影响。

第五节　特色产业是重点

习近平总书记在 2018 年全国生态环境保护大会上强调，要加快构建生态文明体系、以生态价值观念为准则的生态文化体系、以产业生态化和生态产业化为主体的生态经济体系。作为全国首家生态产品价值实现机制试点市，丽水市深入贯彻习近平生态文明思想，积极探索"绿水青山就是金山银山"转化通道，开辟生态产品价值实现产业化高质量发展路径。一方面，从物质产品、调节服务、文化服务三大维度将生态产品通过产业生态化、生态产业化进行经营开发，发展特色生态农业、生态文旅、绿色工业、健康养生业等生态产业；另一方面，通过区域公用品牌、生态产品质量追溯、生态产品标准与认证等产业发展模式促进生态产品价值增值，探索建立政府主导、企业和社会各界参与、市场化运作、可持续的生态产品价值实现路径。

第六节　政府购买是基础

生态产品本质上是一种公共产品，通过市场机制实现经济价值的路径仍处于初步探索阶段，需要政府积极承担供给责任，政府购买生态产品成为一种新的服务供给基础方式。丽水市在购买内容、购买形式上率先探索先行试点。抓住浙江省在丽水试行与生态产品质量和价值相挂钩的绿色发展财政奖补机制的机遇，制定丽水市（森林）生态产品政府购买制度，健全各县（市、区）（森林）生态产品政府采购奖补机制。依据各县（市、区）GEP 目标完成情况，探索通过专项安排、资金整合、上级补助等多渠道及多元化平台，激励生态产品价值保护、修复和提升，推进政府购买生态产品。县级层面出台生态产品政府采购试点暂行办法及《政府采购业务指南》，并以此为采购流程依据，向乡镇"生态强村公司"开展政府业务，形成极具丽水特色的生态产品政府购买模式。

2019 年，市政府根据景宁大均乡 GEP 增量的 2% 向大均乡"生态强村公司"支付 188 万元生态服务产品，搭建十余处高空瞭望摄影头，实现对水域、森林、农田等资源及生态破坏行为的实时监控。此次政府购买行为不仅是对生态增量价值的实际转化，更是对政府采购生态产品机制的进一步探索实践。目前，随着生态产品价值实现路径的不断丰富，政府购买形式也逐步扩展到水源涵养、固碳、空气净化等调节服务类生态产品。考虑到生态产品的外部性特征，生态补偿类产品政府购买形式日趋多元化。

第七节　农村电商是纽带

作为全国"农村电商"的发源地和辐射中心，丽水市是全国首个农村电子商务全域覆盖的地级市。丽水以全省"农村电子商务创新发展示范区"建设为抓手，多渠道推动生态产品供需精准对接，着眼于"互联网＋"与特色产业高度融合，打通生态产品的输出通道，在扩大销售新渠道的同时推动农村创业就业。

丽水市出台《关于促进丽水市电子商务发展的实施意见》等多个电子商务促进政策，搭建线下集聚平台，全国首创"电商化营销＋农村电商服务中心"模式，围绕"植根农村，服务农民"这一宗旨，开启了农村电子商务"政府投入、企业运营、公益为主、市场为辅"的公共服务推动模式。

遂昌县建立了以"县级运营中心＋村级电商服务站"为核心的"消费品下行＋农产品上行"的农村电商"赶街模式"。

缙云县北山村开创了"自主知识产权，加工基地、产品分销两头在外，家门口建立销售部"的品牌化经营"北山模式"。

第八节　交通物流是支撑

农村电商的快速发展对物流业提出更高的要求，物流业是农村电商真正实现突破性发展的支撑系统。为解决快递进村"最后一公里"和农产品上行"最初 100 米"两大难题，丽水市率先启动全省首个数字乡村物流中心建设（含农村三级物流体系建设），采用"政府政策支持、邮政公司运营、快递企业通力合作"的服务模式，通过数字赋能、资源整合，邮政公司"统一运输、统一配送、统一收寄"的共配网络，打造全国第一套县级邮政与多家民营快递跨品牌合作，实现全平台快递包裹的混合自动化分拣功能，全力推进县、乡、村三级"数字物流"体系建设。全市各地扎实推进"互联网＋"农产品出村进城工程，做大做强"网上农博"，"数字物流"为直播电商、跨境电商、直播带货等农村电商新业态提供全面支撑。

第六章

展望：共同富裕美好社会生态产品价值实现模式

在中国现代化经济发展进程中，美好社会生态产品价值实现模式的打造完全是站在人与自然和谐共生的高度来谋划经济高质量发展，以坚持绿色发展理念为根本来促进实现共同富裕。生态产品价值实现的标准模式、非标准模式、经典模式、推广模式以及乡镇模式等都是践行"绿水青山就是金山银山"和打造高质量发展生态经济体系的关键路径。统筹推进生态产品价值转换、生态环境保护和治理、生态环境修复和补偿，加快推进科学技术、高端人才、社会资本等与生态产品价值实现的全方位投入，打造新发展阶段一、二、三产业融合发展的新模式，实现生态环境质量提升与经济高质量发展的协调联动发展和良性循环，是实现共同富裕的核心引擎。缩小城乡、地区、收入三大差距，提高就业和完善再分配制度，促进生态文明建设，是实现共同富裕的核心任务。

第一节　指导思想

党的十八大以来，以习近平同志为核心的党中央，全面开展了产业结构调整、清洁能源替代、秋冬季大气污染防控、区域联防联控等一系列防控整治措施，致力于还老百姓蓝天白云、繁星闪烁。将生态文明建设摆在全局工作的战略突出位置，以基本实现美丽中国为战略目标，通过再创优美的生态环境给老百姓带来实实在在的幸福感。在推进生态文明建设的进程中取得了一系列标志性、创新性、原则性、战略性的重大理论与实践成果，系统地创立了习近平生态文明思想，是习近平新时代中国特色社会主义思想的重要组成部分。

习近平生态文明思想通过系统性地回答为什么建设生态文明、建设什么样的生态文明、怎样建设生态文明等重大理论和实践问题来阐明生态文明建设的价值取向、系统思维与使命宗旨。

习近平总书记强调绿水青山就是金山银山，保护生态环境就是保护生产力，改善生态环境就是发展生产力。他从保护生态环境就是保护生产力、改善生态环境就是发展生产力的角度进一步丰富和发展了马克思生产力理论。这是中国生态文明建设的出发点，为中国生态文明建设确定了明确的价值论与核心理念。

习近平总书记提出人与自然是生命共同体，从人与自然、人与社会和谐发展的客观规律出发，开辟了马克思主义人与自然关系理论新境界。这是中国生态文明建设的着力点，为中国生态文明建设确定了明确的系统论与基本法则。习近平总书记指出，坚持良好生态环境是最普惠的民生福祉。生态系统与人类福祉密切相关，环境就是民生，青山就是美丽，蓝天也是幸福，必须坚持以人民为中心的发展思想。这是中国生态文明建设的归宿点，为中国生态文明建设确定了明确的民生论与使命宗旨。

丽水生态产品价值实现国家级试点对贯彻落实习近平生态文明思想具有重要意义。丽水的生动实践，将对为什么建设生态文明、建设怎样的生态文明、怎样建设生态文明，从价值论、系统论、民生论三方面提供丽水样本和丽水模式，系统性、实践性地来阐明生态文明建设的价值取向、系统思维与使命宗旨，以进一步丰富习近平生态文明思想，特别是"绿水青山就是金山银山"发展理念。

第二节　未来模式

面对新发展、新阶段，丽水市生态经济发展处于大有可为且必须大有作为的战略机遇期，要努力走出一条具有鲜明丽水特色的山区跨越式高质量发展的新路子。

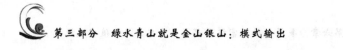

　　未来五年，丽水将在全市层面试水"资源池"这一概念，在国土资源、财政金融、教育资源、人才资源、产业招商五大领域尝试展开全市域跨山统筹、技术革新、消费升级、绿色转型、数字赋能、政策迭代，试图推出生态产品价值实现的标准模型。即坚持高举高质量绿色发展一面旗帜，通过产业生态化、生态产业化两条路径，GEP 算出来、转出去、管起来三大步骤，政府、企业、公益、公众四轮驱动，制度、产权、资本、科技、文化五位一体，致力于打造生态产品调查监测机制、保护补偿机制、实现保障机制、价值推进机制、评价核算机制和经营开发机制六大机制，努力走出一条具有鲜明丽水特色的山区跨越式高质量发展的新路子，通过生产、生活、生态的正和博弈，实现"三生共荣"。

　　丽水市委四届十二次全体（扩大）会议要求推动生态产品价值实现机制试点从产品直供向模式输出跨越，致力于推动生态产品的产业化，发展生态"数智"经济，开发利用丽水宜人的气候、清洁的水源等，形成产业；推动生态产品的市场化，推动村集体等生态产品的所有权确认及单元生态资产的本底标准制定；推动生态产品的数字化，含空气、水流等天地空一体化；推动生态产品价值实现和学术交流的国际化。全面贯彻党的生态文明建设新理念、新要求，做到加强顶层设计与鼓励基层创新并重，深入推进生态文明建设各领域改革，在机制创新、功能拓展、路径开发、标准创设等方面先行先试，使丽水不仅能够提供更多优质生态产品，更能创造和输出新时代生态文明建设的"丽水模式"。

第四部分
生态产品价值实现：功能拓展

2018 年 5 月，习近平总书记在第八次全国生态环境保护大会上强调，生态文明建设是关系中华民族永续发展的根本大计，提出建设以产业生态化和生态产业化为主体的生态经济体系。2021 年 4 月，中共中央办公厅、国务院办公厅印发《关于建立健全生态产品价值实现机制的意见》，从构建生态环境领域国家治理体系以及推动经济社会绿色发展的高度对中国开展生态产品价值实现的实践提出了新的要求。始终坚持"绿水青山就是金山银山"理念，坚持保护生态环境就是保护生产力，改善生态环境就是发展生产力，全面拓展生态产品价值实现路径，将有效促进生态保护与绿色发展。中国的实践案例表明，良好的生态环境孕育极大的经济潜力，实现生态产品价值是保障经济发展与生态保护和谐共生的重要推手（黄克谦等，2019）。特别是中国广大的山区城市，更加需要全力探索将生态优势转化为经济优势的路径，强化生态产品及其价值实现在生态文明建设中的重要作用，深度践行"绿水青山就是金山银山"理念。2021 年 12 月，浙江丽水出台《丽水市生态产品价值实现"十四五"规划》，总结并探讨了丽水市多年实践效果与路径。浙江丽水作为"绿水青山就是金山银山"理论的发祥地之一，积极探索，大胆创新，在绿水青山的确权、核算以及资产化、资本化方面积累了较多的经验，搭建了市生态产品交易中心平台，制定了《丽水市生态产品交易管理办法》《丽水市生态产品交易规则》，基本建立了生态资源向生态资产、生态资本的转化路径。丽水积极拓展生态产品价值的实现路径，初步完成了生态经济体系建设。丽水的成功经验和创新举措对于全国其他地区来说，具有重要的借鉴意义（季凯文等，2019）。

生态资源的资产化、资本化是构建生态经济体系的重要内容，生态产品价值的充分实现需要多维度拓展交易产品类型与交易模式（兰菊萍等，2020）。近年来，以丽水为代表的中国山区城市依托优异的生态资源禀赋，围绕生态产品价值实现机制创新，逐步打造了以科技创新、循环利用、生态低碳为主要特征的高质量跨越式发展的现代生态经济体系。"绿水青山就是金山银山"转化的实践表明，打造循环低碳生态产业链，发挥生态资源要素的产业化潜力，提升绿水青山的经济价值，是提高山区人民收入的必要手段（张林波等，2019）。单一地依赖生态补偿等转移支付，难以实现生态资源的最大化利益，导致生态经济效益较低（靳乐山等，2020）。围绕生态产品价值实现的生态经济体系，仍然普遍存在生态经济效益不足、产业链融合衔接不深入、生态产品交易量不充分等问题。打造高质量运行的生态经济体系，将有助于全面推进绿水青山与共同富裕相得益彰。

多数学者认为，生态产品是自然生态系统与人类活动共同生产的，能够满足人类经济社会发展的产品或者服务。张林波等指出，生态产品为生态系统生物生产和人类社会生产共同作用提供供人类社会使用和消费的终端产品或服务，包括人居环境保障、生态安全维系、物质原料提供和精神文化服务等人类福祉（张林波等，2021）。在中国人民日益增长的美好生活需要与生态文明建设背景下，生态产品逐渐成为与农业产品、工业产品并列的生活必需品。但是，生态产品的独特属性又决定了它与工农业产品不一样的特征。一般认为生态产品分为公共性生态产品、准公共生态产品和经营性生态产品三类。同其他产品一样，生态产品也含有生产劳动的过程，能够在市场上交易，具备在市场中流通、交易而成为商品的可能和基础。生态产品的功能核心是能够满足人们对良好生态环境的需求以及文化服务的需求。比如，林业碳汇属于生态安全产品类型，具有公共性生态产品的特征；排污权、碳排放权属于污染排放权益，水权、用能权属于环境开发权益，具有准公共性生态产品的特征。生态产品价值的实现路径也存在机制上的差别，前者属于政府主导型路径，后者属于政府与市场混合实现路径。市场主导型、政府主导型和生产要素参与分配型是实现生态产品价值的三种主要路径。不同实现路径面临差异化的困境，如市场主导型缺乏完善的产权机制和交易价格机制，政府主导型缺少完整的利益协调机制、有偿使用机制和财政补偿机制等（金铂皓等，2021）。

生态产品价值实现的路径具有多样化的特征。从全国范围的生态产品交易类型来看，主要包括碳排放权、水权、用能权、排污权等环境权益交易以及林业碳汇交易。目前，全国碳排放权交易平台已经形成，2021 年首批纳入的电力行业企业超过 2000 家，并完成了第一个履约期，2022 年进入第二个履约期。全国林业碳汇交易市场建设发展迅速，各省市积极开展区域林业碳汇交易试点工作，在林业资源收储、林业碳汇项目开发、交易平台建设、碳信用、碳汇金融体系建设等方面先行先试，取得了较好的效果与经验。随着 CCER 机制的重启与全国交易平台的落地，林业碳汇交易将迎来较大的发展。此外，全国各省（自治区、直辖市）积极开展水权、用能权、排污权的试点工作。全国性的水权交易平台业已建立，以浙江、河南、福建、四川为代表的区域用能权交易市场也在积极建立和完善。近年来，中国在环境权益领域开展了广泛的研究，针对环境权益的产权、制度、利益分配与监管等体制机制问题进行了深入的探索，取得了显著的成果。持续推进环境权益交易市场建设，在碳排放权交易、林业碳汇交易、排污权交易、用能权交易、用水权交易等方面均取得积极进展。目前，全国性的碳排放权交易市场与用水权交易市场已经初步建立完成，区域性的林业碳汇、用能权以及排污权交易市场正在积极建设。本章将针对生态产品交易市场最具活力的生态产品类型，围绕生态产品价值、交易类型、交易平台、交易机制等阐述生态产品市场交易的路径，拓展生态产品价值实现机制。

生态产品价值与交易

第一节 生态产品及其类型

2010年，国务院印发《关于印发全国主体功能区规划的通知》（国发〔2010〕46号），首次在政策文件中提出"生态产品"的概念，并指出："生态产品指维系生态安全、保障生态调节功能、提供良好人居环境的自然要素，包括清新的空气、清洁的水源和宜人的气候等。生态产品同农产品、工业品和服务产品一样，都是人类生存发展所必需的。"生态产品指由自然生态系统与人类活动共同生产的，能够为人类社会使用和消费的终端产品或服务，并能满足人们对美好生活需求的产品。一般来说，生态产品具有维系人类社会生存与发展的基本属性，包括维护生态安全、提供生态调节服务、提供美好生态环境。生态产品是一种与生态密切相关的、社会共享的公共产品，具有一定的使用价值，能够满足人类社会对提高生活质量的特定需求。生态产品的价值表现在其本身直接或间接凝结着人类的一般劳动，特别是空气、水、森林和湿地等生态产品。它与人类的活动息息相关，可以说间接地凝结着人类的一般劳动，并且具有不可替代性。生态产品具有良好的生态价值，维护了人类生存环境，是地球生命支撑系统的主要物质基础。相对物质产品而言，生态产品具有属性上的区别。一是生态产品除了物质产品属性外，还具有提供调节服务与生态文化服务的特性；二是生态产品具有空间异质性、动态性、整体性、范围有限性、用途多样性、持续有效性、公共物品性和外部性等特征。此外，生态产品还可以分为经营性与公共性两类。其中，经营性生态产品具有与传统农产品、工业产品相似的属性，而公共性生态产品除具有非排他性、非竞争性等特点外，通常还有多重伴生性、自然流转性和生产者不明等特点（虞慧怡等，2020）。生态产品通常分为三种类型。

一　公共性生态产品

该类型生态产品是具有明显的非排他性的公共物品，主要特征为产权不清晰，受益范围广，生产、消费以及受益关系无法明确，如清新空气、宜人气候等。因为这些生态产品具有纯公共产品的性质，并且与经济发展和本地资源禀赋相关联，不同地区、不同人群的差异较为明显。此类生态产品价值实现主要依赖政府路径，通过财政转移支付、财政补贴等方式实现价值。通常，这些生态产品的供给被列入基本公共服务范围，由政府来提供。比如，一些地方政府对生态功能区进行"生态补偿"，其实质即为政府财政购买公共生态产品，对提供此类产品的区域进行经济补偿。

二　准公共性生态产品

该类型生态产品主要指具有公共特征，但通过政府管控、制度设计、市场培育能够建立交易市场，刺激消费需求的产品。准公共性生态产品通常只具有非竞争性，不具有非排他性，或者只具有非排他性，不具有非竞争性。依赖政府和市场的共同作用，建立市场化交易的机制体制，能够通过市场交易实现其价值，如中国的碳排放权和排污权等。准公共性生态产品供给机制复杂，外部效应不清，市场活力不足，必须走政府与市场相结合的路径，通过法律或行政管控等方式创造生态产品的交易需求，通过市场自由交易实现其价值。

三　经营性生态产品

主要指产权明确、能直接进行市场交易的私人物品，如生态农产品、旅游产品等。根据产权理论，外部性是指没有界定清楚的稀缺资源产权。对于产权能够界定的生态产品，可以将其转变成私人产品，并通过市场交易实现供给。当前严峻的生态环境现状，让我们意识到不能再把生态环境看成一种生存条件，而必须看成资源，作为生态产品来开发，进行市场交换，实现生态资本化经营。随着市场经济的逐步建立和完善，许多非市场价值在市场上也有了自己的价值，如排污权、碳汇等都可以在市场上交易，通过市场化路径推进生态产业化、产业生态化，直接开展市场交易实现价值。

第二节　生态产品价值

生态产品涵盖了生态系统持续向人类提供的各类物质和服务。生态产品的生产者主要是自然生态系统，重点包括森林、草原、湿地、水域、农田、荒漠、海洋等。随着现代经济社会的发展，人类对自然的改造程度与范围越来越大，人工—自然复合生态系统、人工生态系统也能够提供较大的生态产品服务。生态系统提供生态产品不能降低自身的结构和功能。目前，生态产品按存在形态可分为有形产品和无形服务：前者主要包括生态系统提供的食品、药品、纤维、木材、淡水等产品；后者主要包括固碳释氧、调节气候、净化空气、水土保持、涵养水源、文化载体、休闲游憩等服务。

中国地域辽阔，生态系统类型多样，提供的生态产品类型丰富、价值量大。调查显示，中国耕地面积接近 20 亿亩，提供了丰富的粮食、蔬菜、肉类、食用油等人类生活必需的农产品。随着中国对农田生态系统保护与质量提升的愈加重视，农田生态系统生产的物质产品将更加丰富，绿色、无公害、有机，并且提供的产品价值总量更大。截至 2021 年，中国的森林覆盖率达到 23.04%，森林面积约为 33 亿亩，森林蓄积量约为 175 亿立方米。面积辽阔的森林生态系统能够提供固碳释氧、净化空气、调节气候、涵养水源等生态服务。此外，中国水域面积广大，河流、湖泊众多，有超过 10 万条河流、2.5 万个湖泊，还拥有广阔的海洋。海洋和淡水生态系统为中国人民提供了大量的淡水资源、鱼类、贝类、其他海产品等。中国丰富的草地与荒漠生态系统也为人们提供了大量的牛羊肉、奶产品等。

第三节　生态产品价值的转化路径

生态产品可量化、可定价、可交易是价值转化的基础。在中国各省（自治区、直辖市）积极创新实践生态产品价值实现机制的背景下，生态产品的确权取得重要进展。产权明晰为生态产品的交易提供了基础，各类生态产品的经济价值不断得到体现。随着中国生态经济体系的逐渐完善，生态文明建设的不断推进，"双碳"战略的深度实施，生态系统生态产品的稀缺性将愈加明显，生态产品的价值将不断提高。

习近平总书记指出："要积极探索推广绿水青山转化为金山银山的路径，选择具备条件的地区开展生态产品价值实现机制试点，探索政府主导、企业和社会各界参与、市场化运作、可持续的生态产品价值实现路径。"生态产品的市场化交易将是更广泛、更持续、更有效的价值实现路径。理论上，生态资源转化为经济价值一般遵循"生态资源—生态资产—生态资本"的实现途径。生态资源货币化的过程，即生态资源资产化、生态资产资本化、生态资本可交易化的实现。一般来说，生态产品的产生需要经过生态资源资产化、资本化。首先，生态资源因为具备使用价值且具有稀缺性，伴随权属流转交易的普遍性，可以转变为生态资产。其次，生态资产的资本化，生态资产经过生态产业化转化为生态资本，生态产品因自身的稀缺性且具有明确的权属，通过生态产品交易市场可以实现其价值（虞慧怡等，2020）。生态资源资本化简单讲是人类社会意识到生态资源的多重稀缺价值后，通过开发、利用、投资、运营推进生态产品保值增值的过程。

目前，全国各省（自治区、直辖市）均开展了生态产品交易市场建设，经济社会的发展以及碳中和的驱动推动了市场对生态产品的需求越来越大。从生态产品的生产端来看，生态恢复技术的提高将增强人类社会对生态系统的保护与质量提升，生态资产稀缺性的进一步增加将吸引大量的社会资本进入生态产品市场。随着人们对美好生活环境的要求越来越高，保护生态的意识越来越强，生态资源将在不同的发展阶段表现出有差异的价值形态，生态资产在资本化运作与生态产品交易过程中实现增值效应。考察全国现阶段的生态产品交易市场，要充分实现生态产品市场化交易，可以在以下方面持续推进。

一 拓展区域生态产品交易中心平台职能

中共中央办公厅、国务院办公厅《关于建立健全生态产品价值实现机制的意见》明确要求推动生态产品交易中心建设。从全国范围的生态产品交易实践来看，生态产品多数呈碎片化分布，山区农户的生态资源以小规模的林子、小范围的湖泊、小面积的山地等为主。一是构建碎片化生态资源的收储、计价、登记、交易体系，促进山区生态资源变现，增加农民经济收入，缩小城乡居民收入差距，提高"绿水青山就是金山银山"转化的影响力。区域性的生态产品交易平台稳健推进，在普遍实现山区农民与地区生态资源转化后，最终达到区域、城乡的共同富裕。二是构建分散性生态资金的收集、整合、运营体系。目前，生态产品交易平台多数为点对点的交易，政策性、尝试性的意思较重，远未达到市场化的阶段。关键问题之一是生态资金的来源渠道较窄，体量不足，缺乏资本化运营。要拓展区域生态产品交易中心平台的职能，构建碎片化生态资源的收储、计价平台与分散性的生态资金整合交易平台。强化平台与乡镇、村寨、农户的直接对接以及对市场不同主体生态资金的吸收、转换与运营功能。切实解决生态产品资产化的制度困境，落实不同生态资源产品化、产业化开发的资本路径。推进生态产品供给方与需求方、资源方与投资方高效对接，推进更多优质生态产品以便捷的渠道和方式开展交易。

二 健全生态产品交易体系，落实市场交易平台

在现有的特定生态产品以及公共资源产权交易平台基础上，开发更多的优质生态产品交易平台，特别是调节服务类生态产品交易平台。在确立生态产品、生态产权、生态价值等概念内涵的基础上，进一步完善各类生态资产的产权确权、登记、交易、收益与处置等制度建设。落实不同生态资产的产业化路径与市场交易研究，建立健全涵盖政府购买、市场交易、

金融抵押、股权合作、特许经营等多渠道、多举措的生态产品交易体系，逐步扩大生态产品交易类型、做大生态产品市场交易量。持续开展全域生态稀缺性要素存量核算，挖掘自然生态系统的调节服务生态产品类型与价值，扩大跨区域点对点生态产品交易的种类与体量，扩大区域生态产品市场交易量。

三 提升生态物质产品溢价率，推进调节服务类与生态文化类产品转化

生态物质产品是生态系统产生的能够在市场上交易的农、林、牧、渔产品以及生态能源等。广大山区积极发展生态精品农林产业，依托生态资源，培育地理标志品牌，打响区域公共品牌，孵化农业高新技术企业，开展野生种质资源保护，提高农产品生态溢价。将优质生态元素作为主要附加价值，构建区域生态物质产品体系，生态产品涵盖农、林、牧、渔等，并挖掘山区食品、水、纤维、手工艺品等物质产品。

提高各类生态调节服务产品的生态补偿标准，构建固碳释氧、气候调节、水土保持、水源涵养的生态产品目录清单，实现生态产品优质优价。创新水资源费分配方式。当前，各地对本行政区域内利用取水工程或者设施直接从江河、湖泊、地下取用水资源的，由取水口所在地征收水资源费，未全面考虑水资源的流域性质，上游地区通过限制产业发展、开展生态保护修复，为下游提供了优质水资源未在水资源费分成上得到体现。积极探索水资源费收费标准提升以及分成比例改革，应当按取水口以上流域面积确定水资源费的分成，并综合流域面积、水质、水量等要素，合理确定分成比例，增加山区水资源价值转化。

提高文化服务类产品转化效率。将生态旅游、文化体验作为山区优质生态资源旅游文化价值实现的重要途径，发展不同情境的亲近自然、森林康养、休闲游憩等生态旅游方面的需求。建设山区旅游度假区、少数民族旅游风情小镇，探索康复医院进森林试点，深化疗休养区域协作，开展古村落、旧屋老宅等开发，充分挖掘山区城市生态文化优势，提高山区农民收入水平。

第四节　生态产品交易状况

全国生态产品交易市场普遍存在"难度量、难抵押、难交易、难变现"的问题。在中国生态产品交易实践中，迫切需要建立生态产品统计与核算、市场化定价、绿色金融体系与利益分配等保障机制，切实为生态产品市场化交易清除障碍。

第一，建立生态产品统计与核算指标体系。开展全域稀缺资源要素统计与开发，设置生态产品名录，建立生态产品评估核算指标体系与标准。调查掌握生态资源本底，拓展生态产品类型，落实生态产品界限、权属，为生态产品交易提供基础保障。

第二，完善生态产品定价机制。立足生态资源类型、数量与质量，建立生态资产政府公示价格体系。推动形成物质与文化生态产品的市场定价机制，建立生态产品市场定价的评价指标体系。比如，结合"花园云""天眼守望"数字化服务平台的生态环境监测体系，建立与生态环境质量瞬时联动的生态产品价格上下浮动机制，使空气的清新度、环境的优美度、风景指数等生态价格实现动态变化。

第三，创新绿色金融的保障体系。鼓励"绿水青山就是金山银山"风投，推动"绿水青山就是金山银山"证券，发展"绿水青山就是金山银山"保险，创新贷款贴息、融资担保的生态贷、"两山贷"等金融扶持政策，鼓励金融机构加大对生态产品生产者的信贷支持力度，开展生态资产、生态收益权、环境权益抵（质）押贷款。

第四，培育生态资源持续供给能力，健全生态产品利益分配体系。生态文明建设与人民美好生活的追求务必对生态系统生态产品的供给能力提出更高的要求。在"绿水青山就是金山银山"理念与生态产品价值实现的持续推动下，培育区域生态产品的供给能力，扩大区域生态产品消费需求，构建利益分配机制，将是促进山区人民实现共同富裕的关键路径。

第二章

碳交易

第一节　碳达峰、碳中和进展

2020 年 9 月 20 日，为应对全球气候变化，全面构建人类命运共同体，解决人类社会面临的资源环境问题，以习近平同志为核心的党中央统筹国内国际两个大局做出重大战略决策，庄严承诺中国力争 2030 年实现碳达峰，2060 年实现碳中和。2021 年 10 月 24 日，中共中央、国务院发布《关于完整准确全面贯彻新发展理念做好碳达峰碳中和工作的意见》（以下简称《意见》）。2021 年 10 月 26 日，国务院印发《2030 年前碳达峰行动方案》。此后，中国持续发布重点领域和行业碳达峰、碳中和实施方案和一系列支撑保障措施，基本构建完成碳达峰、碳中和的"1＋N"政策体系。其中，"1"是指《意见》，"N"则包括能源、工业、交通运输、城乡建设等分领域、分行业的碳达峰实施方案。上述政策制度从能源供给与消费、低碳负碳科学技术、生态系统碳汇能力提升、绿色财政金融、产业政策、标准计量体系等为中国碳达峰、碳中和明确了保障方案。一系列文件将构建起目标明确、分工合理、措施有力、衔接有序的碳达峰、碳中和政策体系。目前，中国的碳达峰、碳中和"1＋N"政策体系已基本建立。

2022 年 1 月 24 日，国务院印发《"十四五"节能减排综合工作方案》，确立"到 2025 年，全国单位国内生产总值能源消耗比 2020 年下降 13.5%，能源消费总量得到合理控制，化学需氧量、氨氮、氮氧化物、挥发性有机物排放总量比 2020 年分别下降 8%、8%、10% 以上、10% 以上。节能减排政策机制更加健全，重点行业能源利用效率和主要污染物排放控制水平基本达到国际先进水平，经济社会发展绿色转型取得显著成效"。2022 年 2 月 11 日，国家发展和改革委员会等四部门发布《高耗能行业重点领域节能降碳改造升级实施指南（2022 年版）》。2022 年 6 月 17 日，生态环境部等七部门联合印发《减污降碳协同增效实施方案》。在"1 + N"政策体系框架下，各部门、各省（自治区、直辖市）开展了以能源结构优化、产业结构调整、节能降碳等为主的绿色低碳转型发展之路，并陆续制订了碳达峰、碳中和的实施方案（见表 4 - 2 - 1）。

表 4 - 2 - 1　　　　中国各省（自治区、直辖市）碳达峰行动时间

时间	省（自治区、直辖市）	文件
2021. 11. 30	吉林	《中共吉林省委　吉林省人民政府关于完整准确全面贯彻新发展理念做好碳达峰碳中和工作的实施意见》
2022. 1. 5	河北	《中共河北省委　河北省人民政府关于完整准确全面贯彻新发展理念认真做好碳达峰碳中和工作的实施意见》
2022. 2. 17	浙江	《中共浙江省委　浙江省人民政府关于完整准确全面贯彻新发展理念做好碳达峰碳中和工作的实施意见》
2022. 2. 23	河南	《河南省"十四五"现代能源体系和碳达峰碳中和规划》
2022. 3. 22	湖南	《中共湖南省委　湖南省人民政府关于完整准确全面贯彻新发展理念做好碳达峰碳中和工作的实施意见》
2022. 3. 31	四川	《中共四川省委　四川省人民政府关于完整准确全面贯彻新发展理念做好碳达峰碳中和工作的实施意见》
2022. 4. 6	江西	《中共江西省委　江西省人民政府关于完整准确全面贯彻新发展理念做好碳达峰碳中和工作的实施意见》
2022. 5. 13	广西	《中共广西壮族自治区委员会　广西壮族自治区人民政府关于完整准确全面贯彻新发展理念做好碳达峰碳中和工作的实施意见》
2022. 6. 28	内蒙古	《内蒙古自治区党委　自治区人民政府关于完整准确全面贯彻新发展理念做好碳达峰碳中和工作的实施意见》
2022. 7. 18	江西	江西省人民政府关于印发江西省碳达峰实施方案的通知
2022. 7. 25	广东	《中共广东省委　广东省人民政府关于完整准确全面贯彻新发展理念推进碳达峰碳中和工作的实施意见》
2022. 7. 28	上海	上海市人民政府关于印发《上海市碳达峰实施方案》的通知

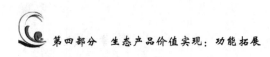
续表

时间	省（自治区、直辖市）	文件
2022.8.1	吉林	吉林省人民政府关于印发吉林省碳达峰实施方案的通知
2022.8.22	海南	海南省人民政府印发《海南省碳达峰实施方案》
2022.8.22	福建	中共福建省委　福建省人民政府印发《关于完整准确全面贯彻新发展理念做好碳达峰碳中和工作的实施意见》

2022 年以来，中国各部委积极推动部门与行业碳达峰、碳中和，针对能源、工业、交通、建筑等制定了各项指导意见与发展规划。

1 月 30 日，国家发改委发布《关于完善能源绿色低碳转型体制机制和政策措施的意见》，提出在"十四五"时期，构建以能耗"双控"和非化石能源目标制度为引领的能源绿色低碳转型推进机制。到 2030 年，基本建立完整的能源绿色低碳发展基本制度和政策体系，形成非化石能源既基本满足能源需求增量又规模化替代化石能源存量、能源安全保障能力得到全面增强的能源生产消费格局。此后，陆续出台有关能源供给与消费的政策。3 月 22 日，印发《"十四五"现代能源体系规划》。3 月 23 日，联合印发《氢能产业发展中长期规划（2021—2035 年）》。5 月 10 日，发布《煤炭清洁高效利用重点领域标杆水平和基准水平（2022 年版）》。6 月 1 日，联合印发《"十四五"可再生能源发展规划》。

1 月 30 日，工业和信息化部印发《"十四五"医药工业发展规划》。2 月 7 日，工业和信息化部印发《关于促进钢铁工业高质量发展的指导意见》。4 月 7 日，工业和信息化部、国家发展改革委、科技部、生态环境部、应急部、能源局联合印发《关于"十四五"推动石化化工行业高质量发展的指导意见》。4 月 21 日，工业和信息化部、国家发展改革委联合印发《关于化纤工业高质量发展的指导意见》《关于产业用纺织品行业高质量发展的指导意见》。6 月 17 日，工业和信息化部、人力资源和社会保障部、生态环境部、商务部、市场监管总局联合印发《关于推动轻工业高质量发展的指导意见》。6 月 21 日，工业和信息化部、水利部、国家发展改革委、财政部、住房和城乡建设部、市场监管总局联合印发《工业水效提升行动计划》。6月29日，工业和信息化部、发展改革委、财政部、生态环境部、国资委、市场监管总局联合印发《工业能效提升行动计划》。8月1日，工业和信息化部、国家发展改革委、生态环境部联合印发《工业领域碳达峰实施方案》。

1月19日，住房和城乡建设部印发《"十四五"建筑业发展规划》，提出"2025年，建筑产业互联网平台体系初步形成，培育一批行业级、企业级、项目级平台和政府监管平台，加快建设行业级平台"。3月11日，印发《"十四五"建筑节能与绿色建筑发展规划》，明确到2025年，城镇新建建筑全面建成绿色建筑，建筑能源利用效率稳步提升，建筑用能结构逐步优化，建筑能耗和碳排放增长趋势得到有效控制，基本形成绿色、低碳、循环的建设发展方式。7月13日，印发《城乡建设领域碳达峰实施方案》。

1月21日，交通运输部印发《绿色交通"十四五"发展规划》。6月24日，交通运输部、国家铁路局、中国民用航空局、国家邮政局联合印发《关于加快建设国家综合立体交通网主骨架的意见》。

3月15日，生态环境部办公厅印发《关于做好2022年企业温室气体排放报告管理相关重点工作的通知》。5月13日，中国银保监会印发《银行业保险业绿色金融指引》。5月31日，国家税务总局印发《支持绿色发展税费优惠政策指引》。5月31日，财政部印发《财政支持做好碳达峰碳中和工作的意见》。8月18日，科技部等九部门印发《科技支撑碳达峰碳中和实施方案（2022—2030年）》的通知。

中国碳达峰、碳中和的目标是在中国生态文明思想指导下的一个伟大的系统工程，各省（自治区、直辖市）在能源供给侧调整、产业结构调整、生态环境保护等方面做出了积极的探索。至2022年，各省（自治区、直辖市）碳达峰、碳中和的主要做法，如表4-2-2所示。国内碳达峰碳中和顶层设计、重点领域与行业规划、绿色产业、低碳零碳负碳科技等发展迅速，全国范围内的"双碳"工作均取得了较大进展。特别是经济、科技、教育发达区域，利用各自的优势，在能源结构优化、产业结构调整、高科技领域技术发展与产业化等方面成为优等生。

表 4 - 2 - 2　　　　　中国不同省份碳达峰、碳中和主要做法

北京市结合碳排放特点，制定碳达峰、碳中和路线图和时间表，大气污染防治与碳减排协同推进，加强科研攻关，以重大技术突破带动节能减排和环保产业发展，分解任务、压实责任，各部门齐抓共管

上海市 2025 年实现碳达峰，正在制订碳达峰行动方案，加快产业结构优化调整，深化能源清洁高效利用，推进全国碳排放权交易市场建设

天津市坚定不移走生态优先、绿色低碳的高质量发展道路，狠抓工作落实，确保碳达峰、碳中和各项目标任务落地见效

重庆市坚定不移走生态优先、绿色低碳的高质量发展道路，携手减排、协同治污、共同增绿

安徽省结合实际，顶层设计，科学确定碳达峰目标，因地制宜制定切实可行的碳达峰路线图、时间表

河南省把准国家政策，运用新技术降能降耗，以科学开放包容思维，深入研究能源、土地、水资源、大气、碳汇等问题的系统解决方案；充分发挥全省市场大优势，大力引进绿色低碳发展的企业、项目、资本、人才；推进绿色生产、绿色能源、绿色技术、绿色建筑、绿色交通、绿色金融、绿色生活等

陕西省产业结构调整，重点行业减污降碳、节能降耗；加强散煤治理，遏制"两高"项目盲目发展，推进三大区域产业绿色低碳发展；在生产端与消费端优化能源结构，构建绿色低碳的运输、建筑

四川省以产业生态化、生态产业化为牵引，推动能源清洁化、交通智能化、建筑低碳化、空间集约化、生活绿色化，坚定不移走生态优先、绿色低碳的高质量发展道路；以积极主动的姿态率先实现碳达峰，加快建设碳中和先锋城市

江苏省推进污染防治与减污降碳协同增效，大力发展绿色低碳产业，遏制"两高"项目盲目发展，加快低碳零碳负碳重大关键技术攻关

丽水能源消费结构良好，生态资源禀赋优异，生态经济发展潜力巨大，创建碳中和先行区具有较好的基础与条件。在跨越式高质量发展与稳步实现碳中和目标下，将逐步建立健全碳中和背景下的经济社会发展模式。一是科学制定经济目标导向下的碳达峰、碳中和路线图与时间表。结合"两个一百年"奋斗目标与丽水经济社会发展需求，确定经济目标，制定经济发展规划，明确行业发展与能源消耗关系，全面、系统、科学地建立经济快速提升下的行业企业产业发展规划与节能减排降碳增汇技术体系。二是构建绿色低碳产业链，引进与开发低碳零碳负碳技术，扩大碳排放盈余。立足现有的生态敏感性产业基础，在未来气候中性经济背景下，建立多样化的绿色低碳产业链，制订零碳负碳技术集成开发计划，布局未来产业。三是系统建立丽水生态经济体系，做大生态经济规模。在全国统一的碳排放权、用水权、碳汇交易框架下，开发丽水环境权益潜力与价值，全力加速推进生态产品价值实现。四是建立与完善企业碳账户，探索

与构建个人碳账户。系统构建企业碳账户，采用统一的碳排放监测计量体系，完善企业碳监测、碳减排与碳配额交易制度。

第二节 碳排放权交易

2016 年，中国政府签署了《巴黎气候协定》并提交应对气候变化国家自主贡献文件。2020 年，在第 75 届联合国大会一般性辩论上，国家主席习近平代表中国首次向世界庄严承诺"二氧化碳排放力争 2030 年前达到峰值，努力争取 2060 年前实现碳中和"。中国是目前最大的温室气体排放国，2019 年中国二氧化碳排放量 98.3 亿吨，占全球总量的 28%。中国承诺到 2030 年单位国内生产总值二氧化碳排放将比 2005 年下降 65% 以上。据测算，中国二氧化碳排放约为 101 亿吨，碳达峰、碳中和任重而道远。

碳排放权交易是指将二氧化碳等温室气体排放权作为商品在市场上进行交易。目前，全球碳交易市场大致分为强制交易市场和自愿交易市场。前者以碳配额为基础产品，纳入一定比例的抵消单位（核证减排量）和衍生品（如碳期货、碳期权、碳远期等）交易（曾维翰，2021）。碳配额交易是全球碳市场主体，自愿减排市场发展迅速，但规模有限。国际碳行动伙伴组织（ICAP）报告显示，截至 2020 年末，全球在运行的碳市场有 21 个，计划实施的碳市场有 9 个，正在建设的碳市场有 15 个（王连凤，2022）。2005 年以来，国际碳排放交易体系发展迅速，其所覆盖的温室气体排放量逐年攀升，占同期排放量的比例由 5% 上升至 16%。2020 年，全球主要碳市场成交量为 103 亿吨，交易总额约为 2290 亿欧元。其中，欧盟碳排放权交易体系（EU ETS）、新西兰碳排放交易体系（NZ ETS）以及美国区域温室气体减排行动（RGGI）成交量相较 2019 年同比分别增长 20%、20% 与 16%。目前，纳入国际碳排放交易体系的温室气体主要包括二氧化碳（CO_2）、氧化亚氮（N_2O）等（王连凤，2022）。国内碳市场经历了几个时期。2004 年，国家颁布了《清洁发展机制项目运行管理暂行办法》。2011 年，国家发改委同意在 7 个省市开展碳排放交易试点，并陆续启动交易。2017 年，全国碳排放权交易体系启动。2021 年，全国碳市场正式交易。全国碳排放权注册登记机构为湖北碳排放权交易中心，全国碳排放权交易机构为上海环境能源交易所。

全国碳市场交易制度体系建设不断完善（陈星星，2022）。2016年，"十三五"规划明确要求建设全国统一的碳排放权交易市场，实行重点排放单位碳排放报告、核查、核证和配额管理制度。2017年，国家发改委印发了《全国碳排放权交易市场建设方案（发电行业）》，全国碳排放交易体系正式启动。2020年，生态环境部发布《关于印发2019—2020年全国碳排放权交易配额总量设定与分配实施方案（发电行业）》，同年发布《碳排放权交易管理办法（试行）》。2021年3月，生态环境部公布了《碳排放权交易管理暂行条例（草案修改稿）》，第三次对全国碳交易立法公开征求意见。2021年7月，中国在武汉建立全国统一的碳市场，国家碳排放权注册登记系统正式启动运营，首批电力行业2225家企业被纳入碳配额交易平台。全国范围的碳排放权交易正式开始。

碳排放权交易的主要目的是利用市场机制控制和减少温室气体排放，实现中国"双碳"战略目标，推进经济社会绿色发展转型。据测算，中国二氧化碳排放约80%来源于发电行业与工业。未来将全国8500家主要能源消耗企业纳入全国碳排放权交易平台进行监管，将能够管控全国二氧化碳排放量的70%。2021年，已经完成中国碳排放权第一个履约期，全国碳交易市场建设取得了显著的成就，基本建立了碳排放权交易的配额分配制度、总量设定、监测报告核查体系（MRV）等。碳交易市场是中国实现"双碳"目标的重要平台。2021年，中国碳排放权交易累计成交量约1.79亿吨，累积成交额约76.61亿元，平均价格42.79亿元/吨。截至2022年8月15日，全国碳市场的累计配额成交量约为1.95亿吨，累计成交额超过85亿元。

目前，中国的能源生产与消费以化石能源为主，它也是二氧化碳等温室气体的主要排放源。在中国加快发展经济的同时，碳排放规模随GDP同步增长，2019年已经达到101.7亿吨。根据国家统计局的相关数据，中国的人均碳排放规模从1962年的不足5吨增加到2019年的10.1吨，虽然少于美国同期人均排放量17.6吨，但随着经济发展速度的增加，碳排放规模的增大将对经济社会产生较大的影响。

第三节 林业碳汇交易

林业碳汇是指人类通过植树造林、植被恢复、森林经营管理、森林防火、病虫害防治等方法，促进森林吸收大气中的二氧化碳，从而减少温室气体在大气中的浓度，并与交易相结合的过程、活动或机制。按照《京都议定书》的相关规定，碳市场除排放权配额（CEA）交易外，还包括"核证温室气体减排量（CER）"和林业碳汇等交易（郭敏平等，2022）。目前，中国允许纳入碳市场交易的企业购买5%—10%的国家核证自愿减排量（CCER）用于抵消不足的碳配额部分。自2011年中国开展碳排放权交易试点以来，试点地区碳交易规模不断扩大。2017年，国家发改委暂停了CCER项目备案与签发。

现有的CCER签发备案的项目类型包括可再生能源、林业碳汇与甲烷利用等。2017年3月签发备案暂停前多为风电、光伏与水电等。由于风电、光伏在技术上的飞快进步以及水电对生态环境的影响，未来获得CCER签发的可能性在降低（董朕等，2022）。部分地方已经明确拒绝了水电用于CCER抵消。碳中和政策的推动使得林业碳汇的重要性愈加突出。此外，《"十四五"林业草原保护发展规划纲要》明确了2025年中国森林面积要达到24.1%，森林蓄积量要达到190亿立方米。"十四五"时期，森林蓄积量将增加15亿立方米，林业碳汇的潜力巨大。

碳中和背景下，林业碳汇是最经济的碳吸收手段，固碳成本在10—50美元/吨，其他二氧化碳捕捉、利用与存储技术（CCUS），二氧化碳捕捉与存储技术（CCS）以及碳直接利用技术等方法的固碳成本均超过100美元/吨。林业碳汇还具有其他的生态效益与社会效益。2021年，生态环境部发布《关于做好全国碳排放权交易市场第一个履约周期碳排放配额清缴工作的通知》，明确了控排企业可以使用CCER抵销碳配额清缴，抵消上线比例为5%。目前，全国碳市场首轮履约工作已经完成，2022年进入第二履约期。中国尚未建立全国统一的林业碳汇市场。从现有的不同省份区域碳汇交易实践来说，表现出如下特点。

一 管理部门职能不清晰

林业碳汇市场化交易涉及多个部门，主要包括发改委、生态环境部门、林业部门、银行部门、金融监管部门。从全国范围来看，中国 CCER 市场初期的运行机制延续了清洁生产机制（CDM 机制）的大体框架。林业碳汇项目主要涉及碳汇造林和森林经营项目，包括方法学、核证、审定等内容，涉及国家发改委、生态环境部、国家林业和草原局、国务院法制办等部门。目前，碳交易市场有关碳排放配额交易的制度、注册登记、交易管理、金融监管等机制体制已基本建立，并且在不断完善中。由于不同部门在林业碳汇交易中的作用不同，所产生的效益不同，林业碳汇交易体系的建设较为滞后（任晒，2022）。2012 年，国家发改委出台了《温室气体自愿减排交易管理暂行办法》，对林业碳汇交易活动中的各项内容做了规定。国内实践表明，现有的 CCER 机制难以适应中国碳交易市场，林业碳汇项目开发程序繁复，开发条件苛刻，开发成本较高，开发周期较长。相应的核证机构、方法学等也存在一定的不足之处。推进林业碳汇市场化交易还需要各部门密切合作。

二 CCER 市场份额受到限制

在国际碳信用市场上，林业碳汇已经取代可再生能源成为碳信用签发量的主要组成部分。目前，中国碳排放权交易平台建设基本完成，并且处在不断完善中。现有的碳交易市场以碳排放配额为主，不同试点地区对于可用 CCER 抵消的额度限制在 5%，导致 CCER 占碳交易市场的份额较低。现阶段碳配额交易对碳配额的管理相对宽松，碳配额的交易活跃度要远高于 CCER。2016 年全国总计抵消 CCER 约 800 万吨，市场占比约 0.67%，远低于 5% 抵消比例。碳达峰、碳中和政策背景下，产业结构进一步调整优化，产业技术进一步升级，传统高碳排放产业受到限制，CCER 购买方市场体量将降低（贾彦鹏，2022）。2017 年，国家发改委暂停了 CCER 的备案签发，林业碳汇 CCER 项目的开展受到较大影响。

三 碳汇价值体现不充分，林业碳汇产品供给不足

我国 CCER 市场开启初期价格为 20—30 元/吨，2021 年上升至 40 元/吨，2022 年平均交易价格约为 50 元/吨。林业碳汇项目开发成本较高，碳汇价格较低，碳汇价值没有被充分体现。从林业碳汇产品开发的角度看，林业碳汇项目收益回报低，开发周期长，前期投入成本较高，制约了市场的活跃度。林业碳汇 CCER 市场作为一种抵消机制，较低的价格将影响林业碳汇项目产品供应，市场化交易的进程将会受到影响（卢峰等，2022）。目前，国家发改委批准备案的林业碳汇 CCER 项目方法学有 4 个，包括森林造林碳汇项目方法学、森林经营碳汇项目方法学、竹子造林碳汇项目方法学、竹林经营碳汇项目方法学。中国林业碳汇 CCER 审定项目 97 个，备案项目 15 个，减排总量 5.6 亿吨。其中，造林碳汇项目 68 个，森林经营碳汇项目 23 个，竹林经营项目 5 个，竹子造林项目 1 个。2019 年，中国碳排放量达到 101 亿吨，碳中和背景下林业碳汇的需求量将迎来"井喷"，林业碳汇交易也将进入高速发展的阶段（胡侠，2022）。

中国碳市场仍然处在初级阶段，林业碳汇市场化交易还需要先行先试，为全国林业碳汇市场探索有效路径。区域林业碳汇交易实践表明，林业碳汇交易需要持续完善，如交易平台、交易管理监督、金融制度、立法等均存在一定的问题。发达国家经验表明碳交易对国家层面温室气体减排作用较大。市场调节和政策调节相结合，极大地激励了企业减排的积极性以及森林保护的价值。在全国层面整合林业资源，建立林业碳汇数据库与资源共享平台，培育林业碳汇市场主体，完善碳汇市场机制建设。推进林业碳汇市场化交易试点，加快政策的制定，建立与完善林业碳汇交易市场体系（陈思羽等，2021）。

第四节 区域碳交易市场试点建议

2021 年 7 月，全国碳交易注册登记系统（中碳登）在湖北武汉落地

并启动，碳排放权的确权登记、交易结算、分配履约等被统一纳入全国性的碳资产大数据平台。同时，全国首批 2225 家电力履约企业办理了开户手续，全国碳交易市场正式启动。但目前，中国碳交易市场仍然普遍存在交易主体不足、产品单一、供需平衡脆弱、缺口企业难寻配额等问题。

一是积极建设区域碳交易市场，扩大交易主体，延伸涵盖行业，完善碳交易市场体系。碳排放权交易市场是促进能耗、碳排放量"双控"的核心工具，但目前纳入排控的工业企业为年度能耗为 1 万吨标煤及以上的重点企业，大量碳排放企业未进入该市场。比如，湖北省纳入碳交易市场的企业共有 373 家，主要涉及电力、钢铁、水泥等 16 个行业，更多年度能耗在 1 万吨标煤以下的企业并未纳入。以浙江省为例，目前仅限于电力、石化、化工、建材、钢铁、有色、造纸、民航八大行业，约 400 家企业进入全国碳市场交易范围。浙江省仍有大量的印染、电镀、铸造、电解铝、水泥等高排放行业未进入交易。此外，从中国现有的几个城市的碳排放权交易试点现状来看，建设区域性碳交易市场，推动年度能耗在 1 万吨标煤以下的企业参与碳交易市场，有助于全面构建中央与地方两级相互补充、相互促进的碳交易市场体系。

二是多部门协作，积极完善并推进新 CCER 机制落地实施，丰富碳交易产品类型，推动碳排放权交易与碳汇交易高效快速发展。从全国现状来看，目前中国国家市场第一履约期后，CCER 市场余量约为 1000 万吨。并且，由于 2017 年 3 月国家发改委暂停了 CCER 的备案签发工作，盈余企业惜售、缺口企业难寻配额的困境出现。碳汇交易仅作为碳排放权市场交易的补充，碳汇项目类型单一，市场份额偏低，且受到政策的严格限制。比如，气候司宣布纳管企业不超过应清缴碳排放配额 5% 的部分可以用 CCER 抵消，这一限制导致可用 CCER 抵消的份额在全国碳市场中作用有限。由于碳汇交易规则、交易范围和交易方式都需要依附碳排放权交易市场，碳中和目标下的碳汇供求关系尚未形成，碳汇交易市场的内生动力不足。因此，丰富碳交易产品类型，扩大碳汇交易市场份额，建设相应的法律法规保障体系，将极大地提高中国碳交易市场的发展速度。

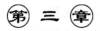

用能权交易

第一节　用能权

　　用能权是指在用能总量约束的前提下，用能单位每一年度经确认可消费特定数量各类能源（包括电力、原煤、蒸汽、天然气等）的权利。用能单位之间对依法取得的用能指标进行交易的行为，即为用能权交易。用能权交易是促使企业加强用能管理、控制能耗、推动经济转型升级的重要手段。党的十八大提出，积极开展节能量交易试点。2016 年 7 月，国家发改委印发《用能权有偿使用和交易制度试点方案》，明确了在浙江、福建、河南、四川开展用能权有偿使用和交易制度试点工作。2017 年 12 月，国家发改委办公厅下发浙江省、河南省、福建省、四川省用能权有偿使用和交易试点实施方案。2021 年 9 月，国家发改委发布《完善能源消费强度和总量双控制度方案》，提出加快建设全国用能权交易市场。用能权交易制度是促进企业节能降耗、提高用能效率的重要举措，也是中国优化能源结构、调控能源市场、实现"双碳"目标的重要制度。目前，中国的试点省份已经开展利用市场机制进行资源的有效配置，实现能源消费总量和强度的双控。

　　用能权是建立在能源使用权之上综合考虑社会公共利益形成的权利。作为用能权权利客体的能量，它能够体现不同类型能源之间做功能力的不同以及负外部性的强弱差异，具有可计量、可特定化的性质（邓海峰等，2022）。用能权是指重点用能单位在能源消费总量和强度"双控"目标与煤炭消费总量控制目标下，通过核查或交易取得并允许使用的年度综合能耗权。用能权是用能单位在一年内经确认可消费各类能源量的权利，即一年内按规定可以消费的能源总量。用能权初始分配是在能源消费总量控制下，能源主管部门按照既定原则、规则和方式，结合节能评估审查与能源审计等措施，确定用能单位用能权初始配额，并进行免费或有偿分配。目前，各用能权交易试点省份的实践表明，能源使用权有偿使用和交易包括增量交易、存量交易和租赁交易。初始阶段以增量交易为主。

在碳达峰、碳中和"双碳"战略目标下，加快提高中国能源利用效率，优化工业能源结构是必然举措。利用市场经济的主动调节作用，推动用能权、碳排放权在能源消费前后端的市场化交易，可以有效地控制能源消费，降低碳排放。2021年，中国已实施全国统一的碳排放权交易市场。如果未来建立用能权全国统一市场，则能够充分发挥节能与减排的协同效应，对行业企业覆盖范围、配额分配等进行系统规划，从而引导激励企业在能源消费端开展技术升级、落后产能淘汰、绿色技术引进等节能减排活动。

浙江是中国较早开展用能权交易试点的省份。2015年，浙江发布了《关于推进浙江用能权有偿使用和交易试点工作的指导意见》，在海宁市等24个县（市、区）逐步建立完善初始用能权核定、用能权有偿使用和交易、用能监测报告核查等制度。2016年，浙江率先开展了用能权有偿使用和交易试点。浙江用能权交易重点包括：一是将初始用能权核定分为存量用能权和增量用能权两类核定标的；二是企业通过缴纳使用费或交易获得用能权，用能权在规定期限内进行抵押和出让；三是企业发生产能转移、破产、淘汰、关闭等变更行为时，有偿获得的用能指标配额由各级政府指定的交易机构进行回购（孙维，2018）。

第二节　用能权交易制度

用能权交易是指在区域用能总量控制下，企业对依法取得的用能量指标开展交易的活动。用能权交易有利于节约能源，缓解能源供给紧张。用能权交易与碳排放权交易原理类似，主要区别在于碳排放权交易市场的商品是碳排放权配额，而用能权交易市场的商品则是用能量指标。用能权交易的实施首先是要建立初始分配制度。在区域用能总量与强度控制下，政府将能源消费总量目标分解到各地区，地区政府根据既定目标将指标分解到各企业。用能权初始分配制度有助于缓解能源资源消耗和经济发展的矛盾，结合用能权交易采用市场化手段激励用能企业主动开展节能减排减碳。目前，中国用能权交易制度主要依靠政府自上而下的政策驱动，尚未建立完整的法治制度，用能权交易制度在运行实践中面临政策制定主体各异、用能权确权难、监管原则不明、缺乏长效保障机制等诸多问题（王文熹，2021）。

用能权是在国家能源消费总量控制的大背景下，由国家初始分配和市场二次分配的以能源使用配额为主要内容的复合性财产利益。用能权的复杂性在于它兼具国家管控的公法内核和财产利益的外在属性。一方面，用能权制度具有管控功能，是国家为实现能源消耗总量和强度的"双控"目标而对特定个体能源使用权设置的一把新锁；另一方面，用能权制度具有激励功能，应在行政许可范围内承认用能权的排他性、可交易性等财产性特征，以充分发挥市场配置能源要素的决定性作用。为此，需尽快出台相关立法，明确用能权的制度定位、初始分配规则、交易规则、定价机制等内容，并重点配套规定用能权制度与节能量交易制度（韩英夫等，2017）。

用能权是具有公私法双重属性的管制性财产权。用能权交易制度从供给侧实现节能降耗目标。用能权和碳排放权交易的制度设计具有目的协同性、规制对象交叉性的特点。中国用能权交易是在碳排放权交易和节能量交易交会与碰撞中提出的。用能权的初始分配仅仅是为重点用能单位设定节能义务的过程，应当以公平为原则，并且采取免费分配的方式。相对于用能权交易制度，碳排放权交易制度则是为了控制排放单位对碳排放空间这一资源的过度利用。因此，在碳排放配额初始分配环节，政府应当通过有偿分配的方式实现国家对碳排放空间这一稀缺资源的所有者权益。建立核定用能权和核证减排量的联合履约机制，既允许用能单位购买核证减排量抵消其超额耗能，也允许排放单位购买核定用能权以抵消其超额排放，并对抵消比例设定限制（刘明明，2017）。

第三节 用能权交易试点现状

自 2016 年国家发改委印发《用能权有偿使用和交易制度试点方案》以来，浙江、福建、四川、河南 4 个省份广泛开展了用能权有偿使用和交易。从交易现状来看，中国用能权交易试点普遍存在政府主导、市场不活跃、缺乏配套的制度体系及市场化动力不足的问题，难以最大限度地推动工业企业绿色转型，实现能耗"双控"的战略目标。

一是积极推动构建全国用能权交易平台，推动市场优化配置资源能源。目前，各试点省份用能权交易集中在企业与政府之间。企业与企业之间以及工业与农业、服务业之间存在交易阻碍。并且，不同地域之间用能权的分配、核查、审计等标准不一，导致用能权的交易范围有限。建立全国统一的用能权交易平台，制定统一的用能权配额分配签发、注册登记、审计监察等法律法规，完善用能权台账管理、交易记录等平台作用，能够衔接不同地域间的用能权交易。在国家层面，不同行业之间、不同企业之间建立用能权交易的途径，活跃用能权交易市场，推动能耗"双控"目标实现。

二是建立健全用能权交易制度体系，统一初始用能权确定标准、用能权定价标准以及用能权监测、清缴、监督等管理办法。目前，不同试点省份或地市之间的用能权交易存在区域差异性。比如，纳入用能权交易的企业年综合能耗标准不同，初始用能权确定方式不一致，用能权的基准价格也存在差异。上述情况极大地阻碍了不同地市之间、不同省份之间以及不同行业、企业之间开展用能权的交易。完善用能权交易的配套制度、技术指标、交易管理，将有效地推动用能权交易，最大范围地实现节能减排，各企业"有钱出钱、有力出力"，促进企业开展节能改造与技术提升。

水权交易

第一节　水权的概念及特征

　　水权及其交易制度是生态产品价值实现的重要举措，也是绿水青山向金山银山转化的重要路径。水权属于自然资源产权，在明晰水资源产权基础上，通过控制用水总量，确立用水指标，建立市场交易制度，实现水资源保护与高效利用。一般认为，水权交易是指水权量、许可用水量或用水总量指标等水权标的物在授权用水者之间流转的过程（Marston，2016）。在合理界定和分配水资源使用权基础上，通过市场机制实现水资源使用权在地区间、流域间、流域上下游、行业间及用水户间流转。美国、英国、日本等发达国家在经济发展与用水矛盾背景下均建立了水权市场制度。从实践来看，水权制度能够有效提高用水效益，在资源要素市场配置中具有积极意义（刘悦忆等，2021）。

　　水权即水资源的产权，包括水的所有权及使用权。水资源具有区域性、多用性、社会性及稀缺性等属性，且在地域上具有分布不均衡性。不同用水户之间具有不同的边际收益，共同决定了水资源的投资价值，使得水权交易在流域间或流域内交易成为必要，从而催生了水权交易市场（景晓栋等，2021）。基于国内外民法学物权理论，水资源不具备物权的全部特征，但具备物权的某些特征，可以看作准物权或者财产权。水权的特点包括：（1）水不同于一般商品，具备一定的社会学、公益性和不可替代性；（2）水权是有价的，水资源稀缺背景下，必须向资源所有者缴纳一定的费用来获得水权，即水资源费；（3）水权是可以转让、交易的，水权转让者获得经济收益，水权接受者付出一定的代价；（4）水权交易价格由市场和政府进行调控。

长期以来，中国的用水效率不高且存在用水浪费的现象。全国农田灌溉水有效利用系数平均约为 0.56，农业用水方式粗放，用水效率偏低。同时，全国较严重的缺水城市 110 个，提高水资源利用效率将有助于缓解中国生产生活用水与水资源短缺的矛盾。水资源可持续利用是建设现代化工农业和城乡健康生活的重要保障。现阶段，中国已经建立了较为完善的水资源管理制度，确立了用水效率控制红线，大力开展了节水型社会建设。同时，发挥市场作用，依托水权交易来优化水资源配置，提高水资源利用效率。2016 年 12 月 29 日，国务院印发《关于全民所有自然资源资产有偿使用制度改革的指导意见》，针对土地、水、矿产、森林、草原、海域海岛 6 类国有自然资源不同特点，提出了建立完善有偿使用制度的目标，提出完善水资源有偿使用制度，健全水资源费差别化征收标准和管理制度，严格水资源费征收管理。

水资源具有循环性、流动性，兼具物质和环境资源的不可替代性。水资源可交易，而且有区域差异性。1997 年 9 月，国务院颁布了《水利产业政策》，提出要建立保护水资源、恢复生态环境的经济补偿机制，以及开始对城市自来水供水收取污水处理费等。但是，仅仅依靠计收水费、征收水资源费也不能解决水质下降、水域功能被破坏、水工程设施受损害、地下水位下降、地面沉降等保护水资源和维持生态环境稳定等问题。水权制度是水资源有偿使用制度的前提和基础，也是对现有水资源有偿使用的重要补充。

第二节　水权交易

用水权交易是市场经济条件下优化水资源配置、提高水资源利用效率的重要路径。2000 年，浙江义乌市和东阳市开展了全国第一宗水权交易。2014 年，水利部在宁夏、内蒙古、甘肃等 7 个省（自治区）开展全国水权交易试点，由政府引导区域间、行业间、用水农户间的水权交易。2016

年，中国水权交易所成立，水权交易逐步走向规范化、市场化。2021 年，国家发展和改革委员会、水利部、住房和城乡建设部、工业和信息化部、农业农村部联合印发《"十四五"节水型社会建设规划》，明确通过健全市场机制促进节水型社会建设的重要性。要积极推广第三方节水服务，规范水权市场管理，促进水权规范流转。在具备条件的地区，依托公共资源交易平台，探索推进水权交易机制。创新水权交易模式，探索将节水改造和合同节水取得的节水量纳入水权交易。对水权市场管理、平台与机制建设及节水量交易等指明具体发展方向。

水权交易，指在合理界定和分配水资源使用权基础上，通过市场机制实现水资源使用权在地区间、流域间、流域上下游、行业间及用水户间流转的行为。水权交易是发挥市场机制作用、优化配置水资源的重要手段，是落实水资源刚性约束要求、促进水资源节约和集约利用的关键举措。党的十八届三中全会以来，党中央、国务院多次对建立水权制度、培育水权交易市场提出明确要求。习近平总书记在听取国家水安全战略汇报时，强调要推动建立水权制度，明确水权归属，培育水权交易市场。《中共中央关于全面深化改革若干重大问题的决定》明确指出要健全自然资源资产产权制度，推行水权交易制度，建立水资源刚性约束制度，推进用水权市场化交易。目前，水权交易已经广泛开展实践，积累和总结了较充足的经验。

一　水权交易模式

2014 年，水利部印发《水利部关于开展水权试点工作的通知》《水权交易管理暂行办法》，积极开展区域水权交易、取水权交易、灌溉用水户水权交易、政府回购水权等不同类型的水权交易实践。不同区域试点探索形成了多种行之有效的水权交易模式。水权交易包含三种类型：区域水权交易、取水权交易和灌溉用水户交易。其中，区域水权交易由政府主导，交易主体通常为地方政府或水库等，实现水资源跨区域调配，通常规模最大；取水权交易由用水主体主导，包括企业等各类对取水有需求的单位，规模较大；灌溉用水户交易多为农户向村委会购买水权或村组之间交易水权，规模较小。

截至 2020 年，全国水权交易总量达 44.88 亿立方米。中国水权交易所成交 602 单，交易水量 31.89 亿立方米。其中，区域水权交易 10 单，交易水量 7.76 亿立方米；取水权交易 129 单，交易水量 24.01 亿立方米；灌溉用水户水权交易 463 单，交易水量 0.12 亿立方米。水权交易促进了水资源流向高效率、高效益的地区和领域。水权交易在全国范围实施以来取得了明显的生态效益、经济效益和社会效益。国内主流媒体如新华社、中央电视台、《经济日报》等多次专题报道水权交易业务，受到社会普遍关注。

二　水权交易的基础

从试点实践来看，水权交易实践需要解决以下几个问题。

一是开展水量分配或水资源使用权确权。试点地区厘清了确权的主要路径、确权水量核定的边界约束条件以及确权的方式方法。科学合理的水量分配是水权交易的前提和基础。从试点来看，宁夏、甘肃、河北等地已经实现确权到村组、管理到户。

二是完善水权交易平台。目前，全国性的水权交易平台主要为中国水权交易所。水权交易平台是运用市场机制配置水资源的有效载体，是水权交易活动的中介组织，对于积极培育水市场、推动水权交易具有重要作用。试点地区因地制宜地推进了水权交易平台建设。

三是统一市场交易价格。各地探索水权交易过程中，也在逐步探索建立比较合理的交易价格形成机制，大多采用政府指导价方式，但也进行了必要的测算。比如，南水北调中线南阳市与郑州市区域水量交易。根据南水北调工程基本水价，综合考虑交易成本、交易收益、交易期限等因素确定交易价格。宁夏、内蒙古在开展行业间水权交易时，主要根据灌区节水改造工程建设、运行维护、更新改造等费用核定交易价格。

四是完善水权交易监管制度。水利部及试点地区出台的制度办法规范了水权交易，强化监管保障取用水户合法权益，弥补市场失灵，促进水权交易市场健康发展。完善水权交易、管理、监督等制度，将有助于水权交易规范有序进行。

三 水权交易平台

2016年6月，为贯彻落实党中央、国务院关于水权水市场建设决策部署，经国务院同意，由水利部和北京市政府联合发起设立了国家级水权交易平台——中国水权交易所。中国水权交易所运营以来，充分发挥了国家级平台示范引领作用，开发了基于云平台的在线水权交易系统，包括公开交易、协议转让、手机App三套交易流程，经中国软件评测中心测评和北京市金融局审查通过后，正式上线运行；与内蒙古、山东、山西、陕西、黑龙江等地合作搭建省级虚拟交易平台；在山西、安徽、贵州等14个省（自治区、直辖市）推进水权交易业务。甘肃、新疆等地搭建省（自治区）、市、县、乡、村五级不同类型水权交易平台110余家，县级以上平台占比27.8%，约有30%的平台建有独立的水权交易系统或依托其他系统开发水权交易模块。总体上看，各级各类水权交易平台的组建和发展，为水权交易业务的开展搭建了有效载体，健全了水权交易市场要素，发挥了市场配置水资源作用，有力推进了水权水市场建设。

四 水权交易规则及制度体系

水利部2016年印发了《水权交易管理暂行办法》，明确了水权交易的范围和类型、交易主体和期限、交易价格形成机制、交易平台运作规则等，与国家发改委、财政部联合出台了《关于水资源有偿使用制度改革的意见》，明确了水权交易流转的主要内容，允许地方政府或其授权单位在回购水权后通过市场竞争方式出让，出让收入全额上缴国库。

中国水权交易所制定了《水权交易规则》等10项交易制度，经北京市金融局审查通过后公开发布实施。各地区推动出台了一批法规文件，如宁夏回族自治区人大颁布了《宁夏回族自治区水资源管理条例》，纳入水权交易有关内容。内蒙古自治区政府办公厅出台了《内蒙古自治区闲置取用水指标处置实施办法》《内蒙古自治区水权交易管理办法》。江西省水利厅联合省发改委印发了《江西省水权交易管理办法》《江西省水权交易规则》《江西省水权交易可行性论证技术导则》。相关制度办法的出台，为水

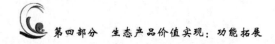

权交易工作开展提供了重要制度保障和依据。

"十四五"规划明确提出用水权的市场化交易，全面提高资源利用效率，推进资源总量管理、科学配置、全面节约、循环利用，实施国家节水行动，建立水资源刚性约束制度。

第三节　水权交易实践

2019—2020 年，安徽省水利厅借鉴 2014 年以来开展的全国水权试点成功经验，先后在六安市金安区开展了区域水权确权登记试点，在黄山市、宣城市开展了安徽省新安江流域水权确权登记试点。在试点过程中，两地依托中国水权交易所并将其作为技术支撑单位，在试点工作的关键环节提供技术服务。经过探索与实践，完成了试点任务，形成了一套适用于南方丰水地区可复制、可推广的水权确权登记方法，为下一步开展多种形式的水权交易奠定了基础。该试点水权确权流程主要步骤包括：基础资料收集与调查摸底、可分配水量测算、水权确权登记、补办取水许可证或核发水资源使用权证。主要确权方法是以区域用水总量控制指标及江河水量分配方案为约束，明确试点区域用水权益，以行业用水分配指标为依据，同时考虑合理的生态用水量和适度的政府预留水权，在此基础上制订水资源行业分配方案，确定生活、工业、农业分配水量，并作为用水户水权确权的边界控制条件。

一　生活水权确权

对已取得取水许可证的自来水厂、农村集中供水工程，按取水许可证载明的取水量进行确权；对未取得取水许可证的供水企业及农村生活用水等，按照相关规定补办取水许可证后，按取水许可证载明的取水量进行确权。

二　工业水权确权

以确权分配的前一年作为基准年，对基准年前 3—5 年（含基准年）有取水许可证，并按照取水许可证取水的企业，按取水许可证载明的取水量进行确权；对未按照取水许可证取水的企业，分析其近3—5年实际取水量、单位产品用水量、水平衡测试报告等，重新核定取水量，并根据核定后的取水量重新办理取水许可证，按照取水许可证载明的取水量进行确权；对未取得取水许可证或取水许可证已过期的企业，按照《取水许可和水资源费征收管理条例》等规定办理取水许可证后，按照取水许可证载明的取水量进行确权。

三　农业水权确权

对跨县域灌区，制订灌区县域间水量分配方案，明确灌区在各县域内的农业可分配水量，结合各灌区灌溉需水量分配农业水权；对县域内灌区，将可供水量扣除生活、生态、工业用水量后确定灌区农业可分配水量，根据确权定额与实际灌溉面积分配农业水权。确权期限一般为3—5年，不得超过灌区取水许可有效期限。这明晰了取用水户的用水权益，构建了水权配置体系，奠定了水权交易的基础。

第四节　水生态补偿

水权制度建设是贯彻落实中央决策部署的重要任务，是提高新形势下水资源保护与利用效率的重要措施，能够有效缓解中国经济发展与水资源短缺以及区域水资源严重不均衡等重要难题（陈金木等，2020）。从中国水权交易试点来看，目前仍面临实践尚不充分、顶层设计不足、法律制度建设滞后、部门职责不清、管理基础薄弱等问题（陈金木等，2020）。未来在制度建设与平台建设方面，仍然需要进一步加大探索力度，完善法律制度，推进市场交易。

水生态补偿制度是水生态文明建设的重要内容，也是水权制度的重要保障。水生态系统服务功能，具有非排他性和非竞争性特点，属于公共物品。目前，中国水生态补偿机制尚处在研究和探索阶段。现行与水生态补偿有关的财政政策可以分为两类：一是生态补偿前端财政政策，即惩罚生态破坏者、筹集生态补偿资金的财政收入政策工具，主要包括税收、生态

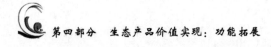

保证金和生态补偿收费等；二是生态补偿后端财政政策，即奖励生态保护
者、补偿环境污染受害者、配置生态补偿资金的财政支出政策工具，包括
财政转移支付、财政投资和税收优惠等。这些财政政策为中国水生态建设
和保护发挥了重要作用。

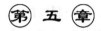

排污权交易

第一节 排污权概念及特征

2014 年，国务院办公厅发布了《关于进一步推进排污权有偿使用和交易试点工作的指导意见》（国办发〔2014〕38 号），排污权交易试点在不同省份广泛开展。排污权，是指排污单位按照国家或者地方规定的污染物排放标准，以及污染物排放总量控制要求，经生态环境主管部门核定，允许其在一定期限内排放污染物的种类和数量。排污权以排污许可证为确认凭证和交易载体，排污权数量与核定的许可排放量一致，有效期与排污许可证一致。简单讲，排污权是指排污单位经核定、允许其排放污染物的种类和数量。参与排污权交易的污染物主要是指国家作为约束性指标进行总量控制的污染物，或者对环境质量有较大影响的其他污染物，主要包括化学需氧量（COD）等。不同省份纳入交易的污染物存在区别。排污权有偿使用是指排污单位按照规定缴纳排污权使用费获得排污权或通过排污权交易从污染者手中获得排污权的行为。排污权交易是指排污单位或政府排污权储备管理机构在交易平台上进行排污权公开买卖的行为。

排污权最早起源于美国。1968 年，美国经济学家戴尔斯首次阐明了排污权的概念，并提出了排污权交易的制度设计。1977 年，美国联邦环保局先后制定了一系列政策法规开展排污权试点。此后，以德国、英国为首的欧洲国家陆续开展了排污权交易的探索。排污权交易制度为解决经济发展与环境保护提供了市场化渠道，在经济效益与环境效益之间建立了效率机制。在污染物排放总量控制条件下，采用市场机制建立排污权有偿使用制度，开展排污权的交易流转，达到污染物排放控制的目的。这一制度的产生是基于美好环境作为一种稀缺资源，并且在环境容量有限的前提下。政府作为环境容量的持有者，以法律手段结合经济发展规律构建科学合理的排污权交易制度，能够实现减少排放量与保护环境的目的。

1988 年，中国开始进行排污许可证制度试点。1999 年，南通和本溪开展了"运用市场机制减少二氧化硫排放研究"的项目，制定了《本溪市大气污染物排放总量控制管理条例》，明确了许可证分配和超额排放处罚办法，同时提出了排污权交易的制度。2002 年，国家环保总局在山东、山西、江苏等省份制订了二氧化硫排污权交易试点实施方案。2016 年，发布了中国首个排污证许可管理的规范性文件——《排污许可证管理暂行规定》，统一了全国性的排污许可管理。2018 年，颁布并实施了《排污许可管理办法（试行）》。2020 年，排污许可证覆盖所有固定污染源。

目前，全国开展排污权交易试点的省份有 28 个。以湖北省为例，作为全国首批 11 个国家级试点省份之一，已经覆盖全省 17 个地市州，涉及各行业各领域。2022 年，交易基价为化学需氧量 8790 元/吨、氨氮 14000 元/吨、二氧化硫 3990 元/吨、氮氧化物 4000 元/吨。"十三五"以来，湖北排污权交易制度体系不断完善，出台《湖北省主要污染物排污权有偿使用和交易办法》《湖北省主要污染物排污权电子竞价交易规则（试行）》等一系列规范性文件。截至 2022 年，累计超过 5000 家企业参与排污权交易，交易金额近 8 亿元。据估算，至"十四五"结束，湖北省 4 项主要污染物排污权交易累计成交金额将达到 14 亿元。

第二节　排污权交易制度建设

传统的污染治理主要由政府征收排污费来实现。政府通过强制力制定排放标准并向企业征收一定的排污费。企业虽然是排污的主体与污染减排的主体，但没有自主权利。只要满足了政府的排污规定，企业没有动力去开展进一步的减排活动。非市场化情况下，企业是被动地接受政府的排污规定。

排污权交易制度极大地激励了企业自主减排创收行为。排污权交易以市场经济为基础，排污权的卖出方由于超量减排获得排污权剩余，可以出售剩余排污权获得经济收入。排污权购买方因为新增排污权必须付出排污成本，以抵销其环境污染的代价。排污权交易制度补偿了企业的环保行为，约束了企业的排污行为，推动了企业为自身的经济利益而提高技术升级、环保投入的积极性。排污权交易在区域内的广泛实施有助于控制污染总量。总之，排污权交易将污染治理从政府的强制行为变为企业自觉的市场行为，其交易也从政府与企业行政交易变成市场的经济交易。

建设排污权交易制度，推进排污权市场化交易，需要解决排污权核定、市场化定价、市场主体参与、交易平台运行等关键问题。下面从污染物总量控制、排污权储备管理、排污权核定、排污权有偿使用、排污权出让以及交易市场监督管理等方面展开研究。

第一，控制污染物总量。实施污染物排放总量控制是开展排污权交易的前提。严格按照国家确定的污染物减排要求，将污染物总量控制指标分解到基层，不得突破总量控制上限。

第二，核定排污权。排污权由地方环境保护部门按污染源管理权限核定。排污单位的排污权应根据相关法律法规标准、污染物总量控制要求、产业布局和污染物排放现状等核定。新建、改建、扩建项目的排污权，应根据其环境影响评价结果核定。排污权以排污许可证形式予以确认，不得超过国家确定的污染物排放总量核定排污权，不得为不符合国家产业政策的排污单位核定排污权。

第三，排污权有偿使用。排污单位缴纳使用费后获得排污权，或通过交易获得排污权。排污单位在规定期限内对排污权拥有使用、转让和抵押等权利。对现有排污单位考虑其承受能力、当地环境质量改善要求，逐步实行排污权有偿使用。新建项目排污权和改建、扩建项目新增排污权通过市场购买等有偿方式取得。有偿取得排污权的单位不免除其依法缴纳排污费等相关税费的义务。

第四，规范排污权出让方式。采取定额出让、公开拍卖方式出让排污权。现有排污单位取得排污权采取定额出让方式，出让标准由地区价格、财政、环境保护部门根据当地污染治理成本、环境资源稀缺程度、经济发展水平等因素确定。新建项目排污权和改建、扩建项目新增排污权通过公开拍卖方式取得，拍卖底价可参照定额出让标准。

第五，加强排污权出让收入管理。排污权使用费由地方环境保护部门按照污染源管理权限收取，全额缴入地方国库，纳入地方财政预算管理。排污权出让收入统筹用于污染防治，任何单位和个人不得截留、挤占和挪用。地区财政、审计部门要加强对排污权出让收入使用情况的监督。

第六，建设与管理交易市场。鼓励排污单位运用淘汰落后和过剩产能、清洁生产、技术升级等方式减少污染物排放，产生排污权剩余投放市场，参与市场交易。政府建立排污权储备制度，回购排污单位剩余排污权，支持战略性新兴产业、重大科技示范等项目建设。探索排污权抵押融资，鼓励社会资本参与污染物减排和排污权交易。

小　结

生态产品是自然生态系统与人类活动共同生产的一类特殊商品。多数生态产品具有准公共物品属性，在生态产品价值实现实践活动中，常常因为产权不明晰或者无法确定而无法在市场上交易。产权理论是研究产权的界定和交易的基本经济理论，在生态经济各个领域有较强的实践性。特别是在评估资源配置过程中外部效应、企业经济行为、国家经济增长等方面具有重要作用。林业碳汇、水权、用能权与排污权等环境权益交易无一不涉及较复杂的产权确权问题。以目前的交易实践来看，还需要在《中华人民共和国物权法》等法律制度文件中对上述环境权益产权加以确定。生态产品的规范化、规模化交易是快速实现生态环境价值的必要路径。

一　林业碳汇交易

林业碳汇起源于清洁发展机制（CDM）。2006 年，在世界银行的支持下，全球首个成功注册的 CDM 林业碳汇项目"中国广西珠江流域再造林项目"在广西实施。中国核证自愿减排机制（CCER）改进了基于清洁发展机制的林业碳汇项目方法学，并启动了中国林业碳汇 CCER 交易。全国共有 97 个 CCER 项目进入项目审定阶段，13 个项目进入备案阶段，3 个项目实现减排量备案。2017 年 3 月，国家发改委暂停 CCER 项目备案。

目前，从全国市场来看，中国林业碳汇项目主要包括 CDM 林业碳汇项目、VCS 林业碳汇项目、CCER 林业碳汇项目以及地区碳普惠项目。其中，中国的主要碳普惠项目包括北京林业核证减排量项目（BCER）、福建林业核证减排量项目（FFCER）、广东省碳普惠制核证减排量项目（PHC-

ER）以及浙江省林业碳汇。林业碳汇的交易价值来自其所具有的清缴抵消性质。目前，中国的全国碳市场和地方碳市场均允许控排企业使用一定比例的 CCER 进行履约清缴。根据 2020 年 12 月发布的《碳排放交易管理办法（试行）》，CCER 指对中国境内可再生能源、林业碳汇、甲烷利用等项目的减排效果进行量化核证，并在碳交易所注册登记核证自愿减排量。作为林业资源参与交易的主要市场化手段，CCER 机制通过政府签发配额和企业间签订预购协议实现项目级减排信用的抵扣作用，能够极大程度上推动森林生态效益价值化。

当前中国的 CCER 相关工作已于 2017 年暂停，但关于管理办法的修订、方法学的研发以及市场建设准备从未停止。根据北京市人民政府办公厅于 2021 年 3 月印发的《北京市关于构建现代环境治理体系的实施方案》，北京将完善碳排放权交易制度，承建全国温室气体自愿减排管理和交易中心。同年 11 月印发的《国务院关于支持北京城市副中心高质量发展的意见》也提出，推动北京绿色交易所在承担全国自愿减排等碳交易中心功能的基础上，升级为面向全球的国家级绿色交易所。此外，在市场建设准备上，根据北京绿色交易所公开信息，CCER 管理交易电子系统的招标采购已于 2021 年底完成，相关专职人员的招聘也在持续推进中。从市场需求的角度看，"十四五"时期，钢铁、有色、石化、化工、建材等行业将被逐步纳入全国碳市场，整体控排规模将扩大至 80 亿吨，CCER 的需求因而也将提升至 4 亿吨，故重启 CCER 一级市场的备案签发具有现实紧迫性和必要性。

CCER 的备案签发一旦重启，林业碳汇作为其中生态价值最高、额外性最充分的项目子类，势必得到政策的垂青和市场的关注。2017 年 CCER 签发备案暂停前主要的项目类型为清洁能源类，即风电、光伏和水电的建设开发。其中水电项目由于对生态环境影响大且体量规模远超其他类型项目，而被不少地方试点市场明确拒绝用于碳信用抵消。风电、光伏在过去 5 年间技术快速进步，成本下降幅度超过 50%，业已渐渐失去额外性的论证基础，且随着国家清洁能源项目的大规模开发和绿电交易市场的发展，这类型项目未来获得 CCER 减排量签发的可能性也在降低。在这样的背景下，林业碳汇在 CCER 项目中的重要性将逐渐得以体现，叠加植树造林在中国生态环境保护中的基础性地位，未来在政策加持与市场热情的助推下，林业碳汇开发势必成为 CCER 项目减排量的主要贡献来源。

二　水权交易

目前，有关水资源的定义较多。联合国教科文组织认为水资源指可利用或有可能被利用的水源，它具有足够的数量和可用的质量，并且能够在某一地点为了满足某种用途而被利用。由于在水资源保护与利用实践中存在大量环境污染形成的污水，人们对水资源的认识过于狭窄，难以充分开发利用更为广泛的水资源。近年来，中国学者拓展了水资源的内涵，认为水资源是人类生产生活及生命生存不可替代的自然资源和环境资源，包括水量与水质两个方面，在一定条件下能够为人类所利用。此概念强调了水资源的经济属性和社会属性，将失去使用价值的污水划归到水资源行列中，并且明确了水资源的环境资源属性。

水权的界定仍然存在较多争议。由于水资源的特性和水资源作为商品的特性，水权的界定不同于一般的资产。一是水权必然包含可持续利用原则与效率为先原则。水是国民经济发展的重要资源，是社会可持续发展的物质基础和基本条件，它的过度开发和水环境的破坏，必然削弱水资源支撑国民经济健康发展的能力，并且威胁后代人生存和发展。水权界定应从全社会、流域和水资源利用生命周期来综合考虑，有利于全社会节约用水。二是水权的非排他性。中国宪法规定，水资源归国家或集体所有，形成了水权的二元结构特征。实践表明，水权具有非排他性。中国现行的水权管理实质上归部门或者地方所有，水资源优化配置效率较低。国家对水资源产权的拥有，在实际运行中常常变为较强的非排他性。三是水权的分离性。中国特有的水资源管理体制导致水资源的所有权、经营权和使用权存在严重的分离现象。在现行的法律框架下，水资源所有权归国家或集体所有。在水资源开发利用中，国家往往将水资源的经营权委托给地方或部门，地方或部门进而通过一定的方式转移给最终使用者。四是水权的外部性。水权具有一定的外部性，既有积极的外部经济性（效益），也有消极的外部不经济性。以流域为例，如果上游过度利用水资源，则必将导致下游可利用的水资源减少，影响下游生活生产用水。

水权交易具有复杂性。中国的水资源归国家或集体所有，水权交易是在所有权不变的前提下开展使用权或经营权交易。中国开展水权交易试点以来，体现出以下几个重要特征。一是交易双方的不平衡性。国家或集体组织作为出让方行使水资源的管理权，水资源经营者或使用者作为受让方获得水资源的经营权或使用权。二是水权的内涵界限。一般认为水权即为依法对地面水和地下水行使使用或收益的权利，包括汲水权、引水权、蓄水权、排水权、航运权等一系列权利。水权不含有水资源所有权，仅仅是利用水的权利。从区域协调、工农业协调、上下游协调以及地上地下水资源统筹协调等方面来说，公平、效率、持续是水权界定及交易的主要原则。近年来，中国跨区域水生态横向补偿机制正在逐步完善，河流保护与生态经济效益得到有效平衡。需要注意的是，由于片面强调水资源利用的经济效益，农业用水向城市和工业用水转移，农民的水权一定程度上受到了伤害。以丽水为例，由于地处山区，对辖区的六大河流以保护为主，开发利用程度较低。下游经济发达城市在水资源开发利用力度明显加大，必须开展流域范围内的不同城市水资源分配和经济补偿，充分考虑公平交易的原则，实施水权交易才可能变为现实。

三 用能权交易

用能权与碳排放权是实现中国能耗总量和强度"双控"目标的重要手段，要从能源消耗的前端与后端开展碳排放控制。用能权交易是经济社会绿色低碳发展新的制度设计，能够有效促进能源要素的合理高效配置。浙江是最早开展用能权交易试点的地区。2015年5月，浙江发布《关于推进浙江用能权有偿使用和交易试点工作的指导意见》，逐步建立了初始用能权核定、用能权有偿使用和交易运作、监测报告核查等制度体系。用能权交易包含三个步骤：一是政府主管部门开展初始用能权核定，分为存量和增量两类核定标的；二是企业通过缴纳使用费或交易获得用能权指标，并在规定期限内抵押和出让；三是企业发生产能转移、破产、淘汰、关闭等变更行为时，有偿获得的用能指标配额由各级政府指定的交易机构回购。

目前，国家发改委首批四个省份的用能权交易试点实践表现出一定的共性问题，如用能权交易的法律法规制度体系仍然不够完善，国家层面尚未出台确权规范，用能权交易依赖政府推动，市场化动力不足。此外，用能权交易与排放权交易存在重复建设问题。用能权交易和碳排放权交易的制度具有协同性，规制对象有交叉，但两者在用能权指标和碳排放配额初始分配、履约等方面存在制度衔接不畅的问题。用能权交易侧重于从供给侧减少化石能源消费，有利于减少温室气体排放。碳排放权交易则侧重于排放末端治理，激励用能单位削减化石能源消费。从试点来看，由于不同省份经济社会发展状态不同，关于开展用能权交易的内生动力与实际条件有差异。省内的用能权交易市场可以根据碳达峰、碳中和目标，制定科学合理的制度体系，结合碳排放权交易开展联合履约机制的研究，在有效促进产业结构调整与技术升级的情况下，服务地方经济社会持续发展。

四　排污权交易

排污权有偿使用和交易制度是指排放者在环境保护监督管理部门分配的额度内，在确保该权利的使用不损害其他公众环境权益的前提下，依法享有的向环境排放污染物的权利。排污权有偿使用和交易制度发挥市场在调节污染物排放中的重要作用，有效控制社会污染物排放总量。排污权一般具有四个重要特征，包括产权性、有价性、可转让性及风险性。排污权交易的内涵是政府作为社会的代表及环境资源的拥有者，把排放一定污染物的权利像股票一样卖给出价最高的竞买者。污染者可以从政府或者拥有排污权的污染者手中购买这种权利，权利拥有者之间可以出售或相互转让污染权。

排污权交易是一种以市场为基础的经济政策和经济刺激手段。它是指管制当局制定总排污量上限，按此上限发放排污许可。排污许可可以在市场上买卖。该手段的实质是运用市场机制对污染物进行控制、管理。它把环境保护问题、排污权交易同市场经济有机地结合在一起。排污权交易是在满足环保要求的前提下，利用市场机制通过污染者之间交易排污权来控

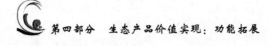

制污染排放，实现低成本污染治理。排污权交易实现了环境效益与经济效益的统一，让排污者在环境保护行政主管部门指导和监督下，依据有关法律法规，通过市场机制，平等、自愿、有偿地转让节余排污指标，以刺激削减污染物排放量，实现总量控制，从而保护和改善环境质量。它是一种民事法律行为。

第五部分

绿水青山就是金山银山：标准创设

标准是经济活动和社会发展的技术支撑，是国家基础性制度的重要方面，实施标准化战略是新时代助力高技术创新、促进高水平开放、引领高质量发展的重要保障。标准是对重复性事物经验的总结，是对现有经验和成果进行固化的重要途径。要立足新发展阶段，贯彻新发展理念，服务构建新发展格局，加快构建推动高质量发展标准体系，优化标准化治理结构，增强标准化治理效能，提升标准国际化水平，为全面建设绿水青山与共同富裕相得益彰的社会主义现代化提出有力支撑。特别是创设支撑高质量发展，具有山区鲜明特色的共同富裕示范区建设的标准体系更加重要，标准化推动经济社会发展的基础性、战略性、引领性作用更加凸显。

标准化建设的必要性

第一节　生态文明建设的内在要求

"绿水青山就是金山银山"理念是习近平生态文明思想的重要组成部分。15年来，"绿水青山就是金山银山"理念从丽水走向全省，从浙江走向全国，从中国走向世界，深刻地改变了浙江，深远地影响着中国，深度地关联着世界。历经时间和实践的双重检验，这一理念越发显示出巨大的真理力量，成为中国生态文明建设的实践指南。

2020年3月31日，习近平总书记视察安吉时明确指出"生态本身就是经济"，重申坚定不移走绿色发展道路的全社会共识。现如今，中国生态文明建设面临着多重压力，已进入需要砥砺前行的关键时期。为满足人民日益增长的物质需求以及对美好生态环境的追求，更多更高质量的优质生态产品需要被提供。建立生态产品价值实现机制，提升生态产品价值空间，加强生态产品供给能力，是推进生态文明建设的重要前提和保障。丽水市作为"绿水青山就是金山银山"理念的萌发地和先行实践地，始终不忘初心，牢记使命，而浙江省生态产品价值实现工作凝聚着中共中央总书记习近平的心血，因此推进生态产品价值实现的标准创设，既是贯彻落实习近平生态文明理念的浙江行动，也是全面体现中国特色社会主义制度优越性的重大举措。

第二节 打开"绿水青山就是金山银山"通道的现实途径

丽水市位于长江三角洲地区，是浙江省辖陆地面积最大的地级市，是国家级生态示范区、国家级生态保护与建设示范区，是长江经济带、"一带一路"等国家重大战略或倡议的交会区，也是华东地区的生态屏障与浙江大花园的最美核心区。

一直以来，丽水矢志不渝地以打开"绿水青山就是金山银山"转化通道为首要任务，在资源环境保护、产权流转、公共品牌建设、绿色金融等方面取得了明显成效。但是由于经济发展历史与自然禀赋差异的各种因素，丽水市发展不平衡、不充分的问题越来越突出：一些地方虽有优质的生态资源但没有形成优质的生态产品，一些地方环境保护投入巨大但尚未取得明显的环境经济效益，一些地方虽然取得了一时的市场繁荣但对环境资源保护带来了更大的压力。生态产品价值实现的标准创设，能够持续在政府购买生态产品、生态产品产业化、交易市场培育等方面进行深入探索，推进难度较大，需要先行探索重点改革任务。这有利于将"碎片化"经验提升为"体系化"制度，构建符合生态产品价值实现要求的标准体系和技术规范，引领丽水市走出一条"生态美、产业兴、百姓富"的高质量绿色发展新路子。

第三节 实施乡村振兴战略的有力保障

实施乡村振兴战略，是党的十九大做出的重大决策部署，是决胜全面建成小康社会、全面建设社会主义现代化强国的重大历史任务。乡村生态空间是为乡村的生态环境保护、保障环境承载容量和维护生态系统平衡，及以提供生态服务或优质的生态产品为主体功能的国土空间。乡村是生态涵养、绿色发展的主体区，生态是乡村最大的发展优势与支撑点，因此，优化乡村生态空间正是乡村振兴的重要着力点，充分挖掘乡村的生态优势，以生态产品的价值推进实现共同富裕。创设生态产品价值实现的标准，能够推进乡村生态环境保护与生态资源利用，有利于生态产品开发与生态价值转化，同时也有利于生态社会治理。以标准为抓手，能够强化绿色产品供给，创新农旅融合模式，发展健康幸福产业，全面构建有利于生态富民惠民的体制机制，增强乡村自我"造血"功能和自身发展能力，巩固提升脱贫攻坚成果，开辟生态富民强村之路，构建人与自然和谐共生的乡村发展新格局，开创生态产品价值实现的乡村振兴新模式。

第四节　生态产品价值实现的现实需求

生态产品价值实现不仅是一场社会层面的变革，更是一次全新的、彻底的实践探索。目前，主要问题体现在以下四个方面：一是对"绿水青山就是金山银山"转化的认识有待提高，即"绿水青山"在多大范围、多深程度上可以转化为"金山银山"，并且如何实现生态系统生产总值（GEP）与国民经济生产总值（GDP）之间的协同增长，如何避免对二者顾此失彼；二是对生态产品的理解认知还不够深入，生态产品所囊括的品类不够明确，范围与边界不尽清晰，生态产品价值核算的方法、技术与标准尚未形成统一体系；三是"政府主导、市场主体、社会各界参与"的生态产品市场交易机制尚未建立，可复制、可推广的生态产品价值实现路径与模式尚处探索阶段；四是生态产品价值实现的基础性制度尚不完善，保障和支持生态产品价值实现的政策体系较为薄弱。破解这些问题，除了依靠制定相关法律法规约束各主体行为以外，更需要制定可操作、可细化的标准规范来指导各地因地制宜探索生态产品价值实现路径。加强专业系统的顶层设计，开展标准技术研究交流，加快核心技术研究应用，是生态产品价值实现亟待解决的现实课题。

第二章

国内外生态产品标准化发展现状

第一节 国内标准化发展概述

生态系统生产总值（GEP）是由中国首创用以评估区域生态产品价值的重要指标，由中国科学院生态环境中心首先提出，体现了中国政府和学术界对生态环境的维护及可持续发展理念的重视。它包含三方面的内容：一是生态系统产品价值，如生态系统中产出的矿产资源、木材资源、水资源、动物资源等；二是生态调节服务价值，如调节大气构成、防风固沙、预防水土流失、涵养水源、提供栖息地等；三是生态文化服务价值，如生态旅游、红色爱国教育基地等。生态产品价值实现的方式主要包括以下内容：生态保护补偿、生态权属交易、经营开发利用、绿色金融扶持、促进经济发展、政策制度激励等。

现阶段，我们正在全面开展生态价值实现的实践探索，主要做法是通过促进经济生态化、生态经济化，因地制宜发展生态农业、生态工业、生态服务业，将"绿水青山"蕴含的生态价值转化为金山银山。同时，全面实施山、水、林、田、湖、草、沙综合治理，做大"绿水青山"，做强"金山银山"，着力提高生态系统自我修复能力，加强生态系统稳定性，进一步促进生态系统质量的改善和生态产品供给能力的增强。目前，国内没有生态产品价值实现方面的标准化技术委员会。

国家及地方相关管理部门已经发布 32 条国家标准、30 条行业标准、23 条地方标准，主要涉及森林、湿地、海洋等生态系统生态产品价值相关的评估技术标准，以及环境、空气、土壤、水等生态资源相关的监测技术规范。辽宁、黑龙江等地方管理部门还针对地域特点及需求，发布了农田土壤修复、湿地等相关生态修复标准。2018 年，深圳出台的《盐田区城市生态系统生产总值（GEP）核算技术规范（SZDB/Z 342 – 2018）》是全国首个城市 GEP 核算的地方标准，其中明确了城市 GEP 核算指标、方法、因子、定价方法、数据获取方式等相关内容，为城市生态系统价值核算提供了技术支持与理论依据。同时期，厦门出台了《厦门市生态系统生产价值统计核算技术导则》。该导则借鉴了 GDP 的核算方法，在生态系统价值核算的基础上，构建出依托各行业各部门监测调查数据的统计核算方法，是对厦门市生态系统价值统计核算工作的总结与提升，对于推进厦门市生态系统价值核算工作，进而面向全省和全国推广试点经验起到了十分积极的作用。相应地，浙江省主要在海域价格评估、核算及公共文化服务评价等方面发布了相关标准。作为浙江省生态产品价值实现机制试点地区的丽水市，先后在生态产品价值实现核算、调节、服务，以及文化与制度政策设计等关键方面进行了先行探索，于 2020 年 5 月发布了《生态产品价值核算指南》（DB3311/T 139 – 2020）。此外，对标瑞士等世界标杆制定完善传统文化村落标准、美丽乡村标准、绿道古道游步道骑行道建设标准、"丽水山耕"品牌等标准体系。

目前，生态系统相关标准已起草预申报，比如全国环境管理标准化技术委员会（TC 207）归口的《生态系统评估生态系统生产总值（GEP）核算技术规范》（国标计划号：20201654 – T – 469）、《河流生态安全评估技术指南》（国标计划号：20201653 – T – 469）、《水生态健康监测与评价技术指南》（国标计划号：20201655 – T – 469）等国家标准，全国农业气象标准化技术委员会（TC 539）归口的《陆地生态气象观测数据格式规范》（国标计划号：20193402 – T – 416），《生态保护红线划定中气象因子计算规范》（国标计划号：20192361 – T – 416），全国自然资源与国土空间规划标准化技术委员会归口的《岩溶生态系统脆弱性评价技术规程》（国标计划号：20180954 – T – 334），全国肥料和土壤调理剂标准化技术委员会归口的《肥料中砷、镉、铅、铬、汞生态指标》（国标计划号：20073082 – T – 606），中国煤炭工业协会归口的《采矿沉陷区生态修复技术规程》（国标计划号：20201400－T－603），以及水利部归口的《小型水电站生态流量确定技术导则》（国标计划号：20194416－T－332）等多项国家标准。

另外，中国科学院生态环境研究中心的生态学家欧阳志云以"千年生态系统评估"（The Millennium Ecosystem Assessment，MA）为基础，对中国生态系统服务进行了深入细致的研究，建立了中国首个生态系统服务功能价值的系统性评价标准。同时，他带领中国科学院生态环境研究中心、城市与区域生态国家重点实验室的欧阳志云研究组成员，在生态系统生产总值（GEP）核算研究方面取得了突破性进展，建立了生态系统生产总值核算方法。他们在青海省开展调研活动，以当地生态系统为案例开展实证研究，构建了包括物质产品、调节服务产品与非物质产品三方面的 GEP 核算体系与核算模型。此研究将生态系统为人类提供的巨大价值定量地、标准化地展现出来。

2006 年，中国环境规划院总工程师、中国环境科学研究院首席科学家王金南研究员主持并指导的《中国绿色国民经济核算研究报告 2004》正式发布。该研究报告核算了中国经过环境污染调整后的 GDP，作为全国首例，开创了国民经济核算的另一种途径。它的发表标志着中国的绿色国民经济核算研究取得了阶段性成果，是一项里程碑式的突破，引起了国内外的广泛关注与热烈讨论。中国所采用的这套绿色 GDP 核算方法是在联合国《环境经济核算体系》（简称 SEEA）框架下进行的，并逐渐形成了中国环境经济核算体系（CSEEA）。

虽然中国在生态产品实现方面取得了先进实践和理论经验，但是依然存在生态产品生产有效供给能力不足、精准价值评估方法缺乏、生态产品交易市场规则不健全、生态修复责任主体不明晰等问题。为进一步丰富和完善政府引导、市场驱动、社会参与、开放融合的标准化体系，国家、省、市相继出台了特色鲜明、创新引领、科学完备的生态产品标准体系。

一 国家级标准

为全面贯彻落实习近平总书记"绿水青山就是金山银山"理念和生态文明思想，以及《中共中央关于全面深化改革若干重大问题的决定》《关于加快推进生态文明建设的意见》《生态文明体制改革总体方案》中提出的"建立健全生态效益评估机制、促进人与自然和谐共处的部署，保障国家和区域生态安全，指导和规范陆地生态系统生产总值"的核算工作，同时为了提升陆地生态系统生产总值实物量和价值量核算的科学性、全面性、规范性及可操作性，生态环境部环境规划院与中国科学院生态环境研究中心共同编制了《生态系统评估陆地生态系统生产总值 GEP 核算技术指南》。该指南规定了陆地生态系统生产总值实物量与价值量核算的指标体系、技术流程与核算方法等内容，为生态效益纳入经济社会发展评价体系、完善发展成果考核评价体系提供重要理论支撑，同时为建立生态产品实现机制、区域生态补偿、自然资源资产审计和自然资产负债表编制等制度的实施提供科学依据。本标准技术内容科学合理，具有实用性和可操作性，已经达到国内领先水平，填补了国际空白。

二　省级地方标准

2020 年，在总结丽水市经验基础上，中国（丽水）两山学院参与编制浙江省发布的《生态系统生产总值（GEP）核算技术规范　陆域生态系统》（DB33/T 2274‑2020）省级地方标准，明示出生态系统的定义，包括生产总值、生态产品、生态产品功能量与生态产品价值量核算等，规定了陆域生态系统生产总值（GEP）的核算步骤，编制了功能相对完整的生态系统地域单元（如一片森林、一个湖泊、一片沼泽或不同尺度的流域）生态产品清单。采用科学的核算方法，对地域范围内生态产品的功能量进行核算，并运用市场价值法、替代成本法等价值核算方法，采用对当年价确定每一类生态产品的参考价格，涉及多年比较时可以采用基准年不变价。此外，分别对供给产品、调节服务、文化服务三类生态产品的货币价值进行核算。检验内容包括核算科目的数据来源、功能量以及价值量，并通过专家验收的"三检一验"制度和自检、互检、技术负责人检查的方法进行检验。

三　市级地方标准

中国（丽水）两山学院主持编写的全国首个《急流救援培训基地建设

规范》（DB3311/T182－2021）和《急流救援人员培训技术规范》（DB3311/T183－202127）市级地方标准正式发布，于2021年9月23日起实施。

自2020年7月起，编写团队历时一年时间，以景宁县大均乡急流救援培训基地为基础，通过实地走访、召开座谈会、查阅国内外文献资料等多种形式深入开展调研，系统收集和全面分析急流救援行业的相关信息，重点从基地选址、水域条件、训练设施与装备、培训教学、评价与改进等方面，严格规范了急流救援基地建设与救援人员培训技术标准，为急流救援行业健康有序发展提供了技术支持和法定依据。这两个标准踏进了国内急流救援行业的无人区，填补了该行业标准的空白；解决了行业内长期存在因标准缺失所带来的纠纷，在助力行业整体素养提升、推动急流救援行业秩序规范与行业管理有序运行等方面起到积极作用。同时，要发挥两山智库的智力优势，服务地方社会经济发展，助推丽水市全面推进生态产品价值实现示范区建设和推动山区26县高质量跨越式发展。

中国（丽水）两山学院参与编写的《生态系统评估生态系统生产总值（GEP）核算技术规范（征求意见稿)》国家级标准，明晰了生态系统生产总值、物质产品和调节服务等术语及定义，明确了生态产品价值核算指标体系、核算方法、数据来源和统计口径等。两山学院积极参与制定生态产品价值核算技术规范，加快推进生态产品价值核算的标准化进程。

第二节　国外标准化发展概述

目前，联合国环境规划署主持的生态系统与生物多样性经济学中，已经明确将生态系统服务定义为"生态系统对人类效益的直接或间接贡献"。一直以来，国外研究以生态系统服务或环境服务为主要方向，在生态系统服务价值实现方面进行了多方位的实践。例如美国、欧盟、日本等国家在生态资源的经营开发利用、生态保护补偿、促进经济发展及绿色金融扶持等方面开展了多样化的创新实践，并取得了一定成果。

美国农业部在农业环境损害鉴定评估方面，有关的技术规范有《生态风险评估导则》《自然资源损害评估技术指南》和针对美国五大湖区域的环境损害评估模型（NRDAM/GLE）等。这其中，《生态风险评估导则》提出的风险和损害鉴定评价的流程与主要技术环节为制订计划、风险识别、暴露评价、生态影响表征和结果表征，以及对评价过程进行总结。

欧盟制定了《关于预防和补救环境损害的环境责任指令》，推荐在评估环境损害以及选择适合的修复项目时使用资源等值法（REM）：初始评估、损害量化、量化增益、补充和补偿性修复措施、监测和报告。对于生物多样性损害和场地污染损害适用范围、例外规定、补救行动、责任构成和承担以及费用分担等，进行了详细规定。

日本出台的《环境基本法》将环境损害分为 7 类：大气、土壤、水质、噪声、震动、地面下沉和恶臭。《公害健康损害补偿法》确立了公害健康受害补偿制度。技术标准方面，采用指定地区、指定疾病及暴露期限 3 个要素辨别损害受体，根据受损症状的具体内容确定赔偿标准。管理制度方面，由环境省负责环境公害赔偿救济与预防工作，环境再生保全机构负责大气类公害受害补偿管理。另外，日本的各都、道、府、县分别设置了公害认定审查委员会和诊疗报酬审查委员会，负责对其公害疾病与诊疗补偿标准进行认定。

联合国于 2001 年 6 月 5 日和 2012 年 3 月启动了"千年生态系统评估"（MA）、《环境经济核算体系 2012—中心框架》（简称 SEEA – 中心框架）。作为首次对全球各类生态系统进行的多层次综合评估，MA 把人类福祉作为评估重点，同时认为生物多样性和生态系统也具有内在价值，需通过多尺度的途径全面评估人类和生态系统之间存在的动态作用。MA 大大地丰富了环境生态学内涵，同时有针对性地提出了评估生态系统与人类福祉间相互作用及其关系的框架。其评估结果为世界各国履行相关国际公约、制定改进生态系统管理决策提供了全过程的科学依据。SEEA – 中心框架是全球首个环境经济核算的国际统计标准体系，用于考察生态环境与社会经济间的相互作用，描述环境资产存量及其变化情况，诸如土壤、空气、水资源、湿地、森林、草原、海洋资源等变化情况。它包括核算框架、生态资源实物流量账户、生态环境活动账户及其有关流量、资产账户、账户的系

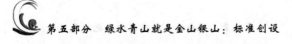

统整合与展示等所有方面。这个框架将区域内的各类资源变化、生态环境保护和环境恶化等诸多问题纳入了国民经济核算体系。如此一来，既定的概念、方法、分类和基本准则也同时构建成了全面的综合环境经济核算基本框架。其宗旨是以生态环境调整的国民财富、GDP、国内净产出和资本积累等各个宏观经济指标，用来支持社会、经济和环境的综合决策，是为实施可持续发展战略提供全面准确信息支持的基本手段。

第三节 存在的不足

在生态产品价值的践行模式和实现路径方面，目前全球各国并没有统一的模板，都在积极开展探索研究。由于国情不同，自然禀赋各异，社会经济发展水平差异，因此，很难构建全球统一的生态产品价值评估和核算标准。2011 年，英国共计集合了 500 多位生态环境科学方面的知名专家对英格兰、苏格兰、北爱尔兰和威尔士进行了全面的生态系统调查评估。澳大利亚的维多利亚省也在环境经济核算体系框架下对土地和生态系统数据进行了充分梳理和归纳总结。

丽水市生态产品价值实现
标准化体系建设

基于良好的自然资源禀赋和上上下下长久的不懈努力，丽水市有幸成为全国首家生态产品价值实现机制的试点市。2019 年 1 月，国家长江办正式批复丽水市开展生态产品价值实现机制试点，积极研究探索，目前已经走出一条可复制、可推广的生态产品价值实现路径及其模式。

2019 年 3 月，浙江省政府办公厅正式印发了《浙江（丽水）生态产品价值实现机制试点方案》（浙政办发〔2019〕15 号），正式确立建立生态价值核算评估应用机制、建立健全生态产品市场交易规则体系、创新生态价值产业实现路径、健全生态产品质量认证体系和健全生态价值实现支撑体系 5 个方面的 21 项重点任务。在此基础上，结合丽水市现阶段的实际情况和未来发展趋势，2019 年 6 月，丽水市委、市政府及时出台了《浙江（丽水）生态产品价值实现机制试点实施方案》，开始全面开展"1 + 10"体制机制试点。2019 年 7 月，丽水市召开生态产品价值实现机制试点建设工作推进会，全面总结了构建生态资产保护体系、生态产品价值核算评估体系、生态产业体系、生态产品价值实现支撑体系、生态产品市场化交易体系方面的试点成效与经验。经过努力探索和实践，丽水市已经具备了基本的理论基础和实践成效。2019 年 12 月，丽水市生态产品价值实现机制试点被纳入中共中央、国务院发布的《长江三角洲区域一体化发展规划纲要》。与此同时，党和国家领导人高度重视此项工作。2019 年 12 月，中共中央政治局常委、全国政协主席汪洋同志在十三届全国政协第 31 次双周协商座谈会上高度肯定了丽水的试点工作。2020 年 4 月，车俊书记在丽水调研时要求丽水坚定绿色发展自信，探索生态产品价值转化通道，努力成为浙江省展示生态文明建设的重要窗口。2020年7月，浙江省省长袁家军在丽水调研时提出：加快实施生态产品价值实现机制，加快山区开启"绿水青山就是金山银山"转化、开创乡村振兴、开拓生态文明建设。要围绕生态经济化、经济生态化，加快构建生态产品价值核算体系、生态信用体系和生态产品交易体系。此外，《生态产品价值核算指南》《农村土地承包经营权流转工作规范》等丽水市级地方标准相继研制出台，填补了省内乃至全国生态产品价值实现领域标准化工作的空白。可见，标准化工作逐渐被重视，生态产品价值实现的标准创设工作意义重大。

标准化具有规范、引领、可复制和可推广的作用，是有效支撑社会经济健康发展的重要手段。在生态产品价值实现标准建设方面，丽水立足于现实，着眼于长远，结合国内、国外生态产品价值实现现状，深入开展技术基础研究，引导市场循序发展，提出生态产品价值实现领域标准化工作规划，初步构建了一个结构合理、层次分明、重点突出、科学适用，并与国家标准接轨的可行性标准体系。

第一节　构建生态产品价值实现标准体系

丽水率先推动生态产品价值实现机制改革，从试点迈向示范，进一步加快创建全国生态产品价值实现机制示范区，并推动经济社会发展全面绿色转型。

中国（丽水）两山学院在丽水市生态产品价值实现标准化工作建设方面开展了多角度的工作，深入探索"绿水青山"转化成"金山银山"的路径和方法，并制定了相应的标准。生态产品价值实现机制改革建设过程中，标准化建设已成为提升丽水市发展核心竞争力的重要措施。

一　开展生态产品价值实现绿色发展标准化建设

2021年11月30日，浙江省市场监督管理局组织专家组对中国（丽水）两山学院牵头承担的绿色发展标准化战略重大试点项目研究情况进行考核验收。中国（丽水）两山学院执行院长刘克勤代表项目组进行汇报，项目历时两年，构建了高质量绿色发展标准体系，组建了丽水市生态产品价值实现标准化技术委员会，制定了 300 余个国家标准、地方标准、行业标准、团体标准、内部标准与制度规范文件。

二 开展文旅生态资源价值量核算与转化研究

中国（丽水）两山学院旅游价值量核算与转化团队联合丽水市发展和改革委员会、文广旅体局多次召开座谈会，开展旅游文化生态资源价值量评估与转化路径研究，取得了以下主要研究成果。

创建文化旅游生态产品价值核算体系，明晰了文化旅游的生态产品目录清单。结合国家核算标准，构建了包括文化旅游生态产品如旅游休憩、美学体验、精神宗教、地方感受、灵感启发、教育知识、文化遗产等社会价值的旅游文化生态价值核算体系。探索了文化服务的量化评估，构建了相对完善的评估体系，具有一定的理论价值与现实意义。

完成典型景区的旅游文化生态产品价值核算，分类评估了旅游文化生态产品价值的开发模式。以古堰画乡为典型样本，总结丽水旅游文化生态产品价值实现转化路径。包括：一是农民利用既有资产加以改建，提升房屋的舒适性与功能性，发展乡村民宿与休闲农业；二是通过挖掘乡村特色美食文化、传统美食，振兴地域农家乐，以及乡村传统手工制作等"乡愁"产业；三是线上线下通过新媒体拓宽营销途径，促进农产品深加工与销售，增加农民收入。打造工商资本社会参与、产业融合的新模式，为盘活山区 26 县的旅游文化生态产品价值实现跨越式高质量发展提供丽水实践。

探索旅游文化生态产品价值转化，包括转化分类评价、转化率评价、转化模式路径。丽水在全国率先开展了"扶贫改革""农村金改""林权改革""河权到户"等机制创新，打造了"农村电商""稻鱼共生""丽水山景""丽水山居"等引领发展模式，成为实现"绿水青山就是金山银山"转化的"排头兵"。结合旅游文化生态产品价值评估与分类转化对策，依托本土"古村复兴""拯救老屋""古树名木""丽水山耕"众多名片，进一步创新旅游文化生态产品价值转化路径，广泛实施"红""绿""彩"融合发展旅游模式。

三　推动生态产品价值实现标准体系建立

目前，中国已基本形成覆盖一、二、三产业和社会事业各领域的标准体系。为了推动实施国家标准化战略以及充分发挥标准化＋效应和标准化对生态文明建设的基石作用，中国亟待将标准化广泛应用于生态产品价值实现领域。通过标准化支撑生态产品价值实现，能够有力促进生态产品价值实现标准化建设的制度化、规范化、程序化和精细化，提升建设实效，传承建设经验，降低建设成本，保障与改善民生，支撑生态经济发展。

完善生态产品价值实现标准化工作的顶层设计，推动试点成果及时转化为标准；充分发挥市场在生态产品定价和交易过程中的协调作用与政府在生态产品价值实现标准化工作中的主导作用；研究建立对生态产品价值实现机制有指导作用的政治经济学理论，明确生态产品价值的内涵与外延，构建"绿水青山就是金山银山"理论的可靠依据。

明确生态产品价值实现机制所需的法律支持，制定完善的规则，据此规范各方行为，明确权利、义务内容，使市场发展趋于成熟规范，促进形成有效机制；建立生态产品价值实现创新基地，或在现有生态文明建设创新基地中组建生态产品价值实现的相关部门，承担相应的标准制定工作；对于积极推动生态产品价值实现成果转化为标准的地区、机构、创新基地等，进行合理的财政扶持和金融倾斜；引导优势标准化机构加入区域性、国际性标准化联盟，并灵活参与标准化事务，提高中国生态产品价值，实现相关标准的国际影响力。

明晰生态产品内涵，立足生态产品资源供给与输出，统筹价值实现机制建设工作，以实现实践与理论创新为主要目标，围绕生态环境保护、生态资源利用、生态产品开发、生态价值转化、生态市场管理等，全面梳理现阶段生态产品价值实现标准清单目录，提出标准制修订计划，构建顺应生态产品价值实现发展需求的标准体系。

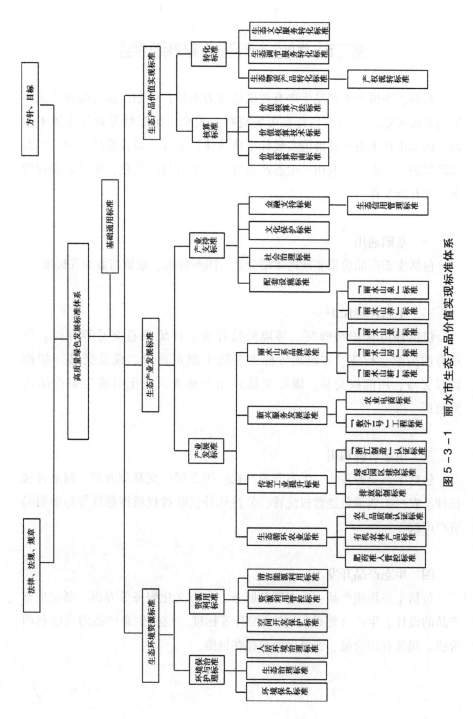

图 5-3-1　丽水市生态产品价值实现标准体系

第二节　优化生态产品价值实现标准供给

目前，中国生态产品生产有效供给能力不足，生态产品价值评估无精准的方法可依，生态产品交易市场规则不健全，生态修复责任主体不明晰。丽水市在生态产品价值实现标准供给建设方面，拟在基础通用、生态环境保护、生态资源利用、生态产品开发、生态价值转化、生态市场管理等方面开展工作。

一　基础通用

包括生态产品价值实现的术语分类、图形标志、数值与数据等标准。

二　生态环境保护

包括环境保护与修复、环境质量评价、环境权益交易等方面。在现有的国家、行业、省级地方标准基础上制定评价、权益交易（如排污权交易、用能权交易、碳汇交易）相关标准，用于明确生态产品核算范围。

三　生态资源利用

包括生态资源评估、生态资源产权、生态资产交易等方面。制定林权抵押、农村土地承包经营权流转、公益林补偿收益权质押融资等标准明确资产产权。

四　生态产品开发

包括生态物质产品、生态调节服务、生态文化服务等方面。制定生态产品的设计、生产（建设）、技术提升等标准，挖掘生态产品的直接利用价值、间接利用价值、选择价值与存在价值。

五 生态价值转化

包括公共产品价值转化（如维系生态安全、保障生态调节功能、提供良好人居环境）、准公共产品（如俱乐部产品和公共池塘产品）价值转化、私人物品价值转化等方面。制定核算技术规范、转化指数设置、价值核算体系等标准，将生态产品的价值通过货币量来衡量，从产品转化率角度探索对生态环境的保护。

六 生态市场管理

包括生态信用、生态技术、生态制度与生态文化管理等方面，通过生态信用的评价与应用、生态技术的研发与推广、生态制度的构建与创新、生态文化的传承与创新，探索政府主导、企业和社会各界参与、市场化运作、可持续的生态产品价值实现路径。

聚焦技术前沿和空白领域，推进重点标准研制，研究并总结先进的经验和做法，固化形成可复制推广的"丽水标准"（见表5-3-1）。

表5-3-1　　丽水市生态产品价值实现领域地方标准清单

序号	标准编号	标准名称	标准状态
1	DB33/T379.1-2014（2018）	公益林建设规范 第1部分：导则	现行
2	DB33/T379.2-2014（2018）	公益林建设规范 第2部分：规划设计通则	现行
3	DB33/T379.3-2014（2018）	公益林建设规范 第3部分：技术规程	现行
4	DB33/593-2005（2019）	畜禽养殖业污染物排放标准	现行
5	DB33/T634-2007（2013）	生态旅游区建设与服务规范	现行
6	DB33/T842-2011（2014）	村庄绿化技术规程	现行
7	DB33/923-2014（2018）	生物制药工业污染物排放标准	现行
8	DB33/T 944.1-2018	"品字标"品牌管理与评价规范 第1部分：管理要求	现行
9	DB33/T 2079-2017	基本公共文化服务规范	现行
10	DB33/T 2090-2018	"丽水山耕"建设和管理 通用要求	现行
11	DB33/T 2091-2018	农村生活垃圾分类处理规范	现行

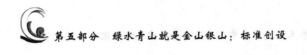

续表

序号	标准编号	标准名称	标准状态
12	DB33/T 2209 – 2019	"四好"农村路	现行
13	DB33/T2249.1 – 2020	农村信用建设规范 第1部分：农户信用信息管理	现行
14	DB33/T2249.2 – 2020	农村信用建设规范 第2部分：信用评价	现行

七　强化生态产品价值实现成果应用

推动标准落地实施，在全市范围内，分领域、分行业开展标准宣贯与解读工作。定期组织开展对已发布标准实施情况的绩效评估工作，提出对策建议。分析生态产品价值实现机制试点的各种类项目内容，总结生态产品价值实现过程中标准化建设的典型示范。

八　提升生态产品价值实现标准化服务能力

夯实工作基础，牵头筹建来自政府领导、权威专家、知名学者的技术团队，研究生态产品价值实现标准化工作的关键问题，提供技术指导与交流。组织开展标准化培训，做好标准化人才队伍建设工作。建立标准化信息平台，提供标准化政策解读、标准检索、项目建设、交流互动等服务，促进资源深度共享。

九　积极参与生态产品价值实现标准化活动

加强各类学术交流活动，积极做好丽水市同全国专业标准化技术委员会、国际标准化组织的合作与交流。建立国内外标准化活动工作机制，以企业为主体，标准相关方协同参与，推动发展丽水市优势与特色技术标准成为国家、国际标准。

第 四 章

丽水市生态产品价值实现标准化成效

党的十九大报告首次提出："必须树立和践行绿水青山就是金山银山的理念。"生态产品价值实现机制作为有效调节"绿水青山"保护者与"金山银山"受益者之间环境利益及其经济利益关系的制度安排，已成为生态文明建设、乡村振兴和脱贫增收协同推进的重要举措。目前，浙江、江西、贵州、青海4个国家生态产品价值实现机制试点省份取得积极进展和初步成效，其余省份亦在努力把绿水青山蕴含的生态产品值转化为金山银山。标准具有共享的功能，为国家公园体制的可复制、可推广提供有效载体，因此，丽水市在生态产品机制实现工作中创建标准并初现成效。

第一节 金融赋值 + 生态信用标准化建设

研制《绿色信贷实施指南》《基于生态产品价值实现的金融创新指南》等地方标准，构建生态资源资产开发经营的服务平台和生态产品市场化交易平台，对于零碎、分散的生态资源进行集中收储管理，并提供交易鉴证，从而推动生态资源变资本、变资产。

自《绿色信贷实施指南》《基于生态产品价值实现的金融创新指南》发布以来，截至 2021 年 4 月，丽水发放各类"生态贷"产品的余额为200.3 亿元。其中，林权抵押贷款 3.66 万笔、66.24 亿元，贷款余额连续13 年居浙江省第一，开启了价值转化"金钥匙"。可见，生态信用标准化建设推动了丽水市"绿水青山就是金山银山"转化与共同富裕的步伐。

第二节　产业培育＋协同发展标准化建设

在全省率先推行工业企业进退场"验地、验水"制度，确保区域内污染场地及时修复、安全利用。依据丽水市《2020 年政府工作报告》，城乡居民人均可支配收入分别为 46437 元和 21931 元，同比增长 9.1%、10.1%，此增幅居全省首位。其中，民宿经营总收入 37.6 亿元，增长 23.7%；规模以上工业增加值增长 11.9%，居全省第二；旅游产业增加值占 GDP 比重达 9.3%，产业培育协同发展的标准化建设打造了共同富裕"金名片"。

第三节　品牌建设＋生态溢价标准化建设

将具有丽水特色的"丽水山系"建设与服务标准融入体系，涵盖"丽水山耕""丽水山居""丽水山景""丽水山养""丽水山泉"五个区域品牌标准，以培育"山"系品牌和生态产品标准化建设为中心，提升生态产品附加值，实现生态产品由"价格竞争"向"品牌竞争"转变。

加快品牌的标准化建设，提高服务供给水平，是促进品牌建设、标准化建设及与产品质量深度融合的重要举措。"山耕"连续 3 年蝉联全国区域农业形象品牌榜首位，营销总额达 108 亿元，平均溢价 30% 以上。以"丽水山景"为主打品牌的全域旅游，已建成 1 个 5A 级景区、23 个 4A 级景区，打造了瓯江山水诗路黄金旅游带。"丽水山居"全市累计培育民宿 3380 家，近三年年均接待游客超 2500 万人次，累计营收超 90 亿元，擦亮了绿水青山的"金饭碗"。丽水特色的"丽水山系"品牌与标准化建设，问计问需于民，持续优化标准化结构，更精准适配居民需求，全力做好服务保障，必将加快"丽水山系"标准化、品牌化建设，促进生态产品价值实现高质量发展。

第四节　两山智库＋人才聚集标准化建设

中科院生态环境研究中心、清华大学、美国斯坦福大学等国内外知名科研院所合作共同推进"两山智库"建设，聘请美国科学院院士格雷琴·戴利等6位专家担任绿色发展顾问，主要以深化绿色发展与生态产品价值实现机制理论探索为先导，开展实践指导。参与起草了《生态系统评估生态系统生产总值（GEP）核算技术规范》国家标准，召开了全国生态产品价值实现机制试点示范现场会，并落户全国首家生态产品价值实现实践成果展示馆，实现了"浙江绿谷"可持续发展。

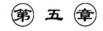

第五章

未来展望

标准化是在既定范围内获得最佳有效秩序，通过科学研究、基本原理发挥作用促进共同效益，并对现实问题和潜在问题确定共同使用和重复使用的条款，以及编制、发布和实施文件的活动。标准是以科学技术与实践经验为基础，按照规定的程序，协商一致制定，为各种活动或其活动提供指南、规范与特性的文件。

随着经济的发展，起源于工业领域的标准化已成为一种手段，拓展应用于农业、服务业、公共服务和社会治理等各个领域。标准化是一项战略性、基础性的工作，在社会经济发展建设中发挥着越来越重要的技术支撑与指导作用。2015年3月，中共中央《关于加快推进生态文明建设的意见》明确指出：完善标准体系是健全生态文明制度体系的重要组成部分。要通过标准的制定、实施、监督与评价等一系列螺旋式持续改进的标准化活动，充分发挥标准化的指导、引领和规范作用，为生态产品价值市场化、多元化实现指明了方向。

第一节　强化生态产品价值实现机制示范区标准引领

完善生态产品价值核算标准体系，参与国家标准制定，探索研究 GEP 核算统计报表制度，初步构建形成比较完备的标准化核算数据监测收集体系以及常态化核算评估机制，推进 GEP 应用场景开发和全方位、多层次应用实践，成为全国标准制定者、应用引领者。

第二节　加强生态环境保护提升标准化建设

持续推进国家公园标准体系建设，统筹山水林田湖草系统治理的标准化建设，推动生态可持续发展，保护生物多样性。实施分行业、分区域污染物排放、风险管控、固体废物资源化利用。农业污染管控等标准规范，健全"无废城市"标准体系。持续推进大花园最美核心区标准化建设。

第三节　着力推动科技成果向标准转化

构建科技成果转化标准评价体系。2021年7月，国务院办公厅印发了《关于完善科技成果评价机制的指导意见》（国办发〔2021〕26号），提出："充分发挥科技成果评价的'指挥棒'作用，全面准确反映成果创新水平、转化应用绩效和对经济社会发展的实际贡献，着力强化成果高质量供给与转化应用。"最根本的是抓住科技成果转化新一轮的技术革命机遇，以科技创新为发展动能，增强创新能力，进而转化为成果，并建立标准评价体系。技术标准又在科技成果转化为生产力的过程中发挥着举足轻重的作用，因此，要发挥好标准作为抓手的作用，进一步促进科技成果转化及应用。

第四节　推进城乡融合发展

建立健全城乡融合发展机制和政策体系，以标准化为基础，推进"一带三区"市域一体化发展，推动城乡各要素间的有序流动和公共资源的均衡配置。推动全域空间统筹、产业集聚、交通互联、创新协同、生态联治、公共服务共建的活动。大力开展城市标准化行动，推进城市可持续发展与城镇社区、乡村等共同富裕现代化的标准化建设。推进乡村振兴标准化建设行动，聚焦数字乡村、花园乡村、传统村落保护利用、红色乡村、民族乡村等领域开展标准研究和试点项目建设，助推农村第一、二、三产业融合发展。进一步提升城乡公共基础设施、教育联合体、县域医共体的标准化水平，完善城乡融合发展标准化基础建设。

第五节　推进生态农业标准化提升

优化提升农业标准，全面梳理生态产品价值实现领域的标准需求，对标国际先进水平，丽水市生态产品价值实现标准化技术委员会围绕茶叶、食用菌、中药材、油茶（木本油料）、畜牧、水果、蔬菜、渔业等丽水九大农业主导产业，开展生态产品全产业链标准化研究，打造具有丽水特色的标准化综合体。推进农产品全过程质量控制技术体系，强化标准化的集成转化和推广应用，努力创建一批标准化集成示范基地。进一步完善"山"系品牌的标准体系建设，扩大品牌影响力，提升产品附加值，推进"绿水青山就是金山银山"转化，实现共同富裕。

第六节　助推山海协作工程升级建设

优化提升"丽水山耕""丽水山居""丽水山景""丽水山泉""丽水山路"等"山"系品牌标准，健全山区名品标准体系。统筹山区县与沿海发达市县公共服务、基础设施建设标准，探索"飞地"产业园、山海协作工业产业园、生态旅游文化产业园标准化建设和管理。通过生态产品价值实现标准的建设，保障丽水特色产品的品质，充分发挥山海特色资源互补优势，广泛调动积极性，实现最大范围的优势互补、互利共赢，打造高质量山海协作的升级版，共同谱写山海共富新篇章。

第七节　助推中国碳中和先行区标准化建设

为推进生态产品价值实现工作，助推碳中和先行区标准化建设，首先，构建低碳高效产业标准体系，率先在农产品、竹木制品等行业开展碳足迹、碳标签等关键标准研究。其次，根据宣传落实节能、能效限定等相关国家标准要求，实施全国统一的碳排放核算标准，并探索研究将重点行业领域碳排放评价纳入环境影响评价标准，推动碳排放末端治理与利用关键技术标准的应用。

小　结

目前，中国社会的主要矛盾是人民日益增长的美好生活需要和不平衡不充分的发展之间的矛盾，浙江省处于高质量发展建设共同富裕示范区的推进时期，进而以标准化为抓手建立健全生态产品价值实现机制，是机制实现的有利依据，也是从根本上推动生态产品价值实现的保障方式，直接影响到解决地区差异、城乡差异、收入差距的问题。因此，要践行"发展服从于保护，保护服务于发展"理念，全面拓宽"绿水青山就是金山银山"转化通道，加快建设以"生态经济化、经济生态化"为显著特征的现代化生态经济体系，推动实现 GDP 和 GEP "两个较快增长"，在开辟创新实践"绿水青山就是金山银山"新境界上蹚出新路、打造样板。

丽水作为"绿水青山就是金山银山"理念的重要萌发地和先行实践地，坚持践行以"保护自然、尊重自然"的发展理念，成功完成国家级首个生态产品价值实现机制试点的使命。在中央全面深化改革委员会第十八次会议上，全面肯定了试点市的成果及经验。中办、国办《关于建立健全生态产品价值实现机制的意见》充分肯定了丽水试点时期的优异成绩，并吸收了报告内容。2021 年 5 月，国家发改委在丽水市召开全国试点示范现场会，同意开展生态产品价值实现先验示范，示范需要通过标准来体现，因此，创设生态产品价值实现先验示范的丽水标准已成为必须完成的使命。

本书正是在这样的大背景下，在综合生态学、环境学、农业经济学、标准化等交叉学科理论的基础上，分析了生态文明建设国内外标准化发展历程。世界各国在生态产品价值实现路径及标准化建设与模式方面进行积极实践，但是因经济发展阶段和发展水平的不同而有所差异。为此，必须从战略高度，充分认识到生态产品价值实现标准化建设的重要性、艰巨性、长期性，以标准化建设为基本出发点，围绕实现生态产品价值的路径，通过生态产品标准化建立为绿水青山就是金山银山的实现保驾护航。本书基于丽水市作为试点市的特殊性，构建了丽水市生态产品价值实现标准化体系，探讨了优化生态产品价值实现标准化的供给。

中国（丽水）两山学院在丽水市生态产品价值实现标准化工作建设方面开展了多方面的工作，编制了全国首创生态产品价值核算地方标准，主要完成了《生态产品价值核算指南》（DB3311/T 139 – 2020）等相关标准，并取得显著成效。本书主要从金融赋值＋生态信用标准化建设、产业培育＋协同发展标准化建设、品牌建设＋生态溢价标准化建设、两山智库＋人才聚集标准化建设 4 个方面进行了系统分析，对丽水市而言，具有重要意义。下一步，中国（丽水）两山学院将充分发挥生态产品价值实现标准化技术委员会、国际会议、学术论坛等平台的作用，开展生态产品价值核算、绿色金融、绿色发展质量等方面的国际标准化合作交流活动，及时了解和掌握国内外标准化建设动态，积极开展国际标准化人才培养工作。

另外，本书从生态产品价值实现标准化体系建设角度出发，对强化生态产品价值实现机制示范区标准引领、加强生态环境保护提升标准化建设、着力推动科技成果向标准转化、推进城乡融合发展、推进生态农业标准化提升、助推山海协作工程升级建设及中国碳中和先行区标准化建设等方面进行具体谋划与展望。

最后，由于时间、人力和物力等方面的限制，本书首次提出丽水市标准化体系框架，"绿水青山就是金山银山"标准创设的内涵和架构还有待进一步丰富和探究，以不断更新和完善。对于本书的缺陷和不足，笔者还需要不断丰富自身知识和能力，以继续深入研究。

第六部分
绿水青山就是金山银山：司法护航

丽水是"绿水青山就是金山银山"理念的重要萌发地和先行实践地，是"丽水之赞"的光荣赋予地。多年来，丽水始终牢记习近平总书记的殷殷嘱托，积极探索生态文明建设，率先试点生态价值实现机制，全力建设全域大花园，努力探索出一条人与自然和谐共生、经济与环境协调发展的新路径。创新实践"绿水青山就是金山银山"理念离不开司法的护航。近年来，丽水市中级人民法院以习近平生态文明思想为指引，深入践行"绿水青山就是金山银山"理念，以现代环境司法理念为引领，以执法办案为核心，以环境资源审判专门化为抓手，不断创新审判工作机制，提升审判工作水平，为丽水高质量绿色发展提供有力司法服务和保障。

生态产品价值实现法治建设的
内涵及重要意义

第一节　生态产品价值实现法治建设相关概念界定

一　生态产品价值实现

生态系统产品与服务是生态系统为人类生存、生产与生活所提供的条件与物质资源，主要包括产品生态系统物质产品、生态系统调节服务和生态系统文化服务。物质产品包括两类：一是生态系统提供的可为人类直接利用的野生食物、淡水、燃料、中草药和各种原材料等，这是生态系统在运行过程中自然形成的物质财富，也是大自然孕育和支持生命系统的原始物质保障；二是人们利用生态环境与资源要素人工生产的农业产品、林业产品、渔业产品、畜牧业产品和能源产品，这类产品可以直接进入市场交易。生态系统调节服务是生态系统为人类提供的赖以生存和发展的条件，包括调节气候、调节水文、保持土壤、调蓄洪水、降解污染物、固碳产氧、减轻自然灾害等生态调节功能。2011 年《全国主体功能区规划》将"清新的空气、清洁的水源和宜人的气候等"界定为生态产品，这类产品具有维系区域生态安全、保障生态调节功能、提供良好人居环境的作用。生态文化服务是指人通过丰富精神生活、生态认知与体验、休闲娱乐以及美学欣赏等获得的体验性非物质惠益，包括生态旅游、休闲游憩、自然教育、审美启智等。

生态产品价值实现实质上就是将绿水青山中蕴含的生态产品价值合理、高效变现。合理是指生态产品的价格既应体现其稀缺性的溢价，又应包含其外部经济性的内部化；高效则是打破体制机制上的"瓶颈"制约，使得生态产品的变现渠道和路径更加畅通便捷。生态产品价值实现主要依赖六大机制，其中建立生态产品调查监测机制和生态产品价值评价机制是生态产品价值实现的前期基础准备工作，健全生态产品经营开发机制和生态产品保护补偿机制是主要路径，健全生态产品价值实现保障机制和建立生态产品价值实现推进机制是根本保障。建立健全生态产品价值实现机制既需要用"生态本身具备经济属性"理念创新生态保护补偿机制，推动生态产业化、产业生态化发展路径，建立健全生态资源权益交易机制等已有工作，也需要创新建立价值核算、评估考核、绿色金融支持、利益导向等新机制，它是一项系统性的改革创新工程。

二 法治建设

"法治"是一个带有价值追求的概念，凝聚了自由、民主、平等、理性、正义、秩序等诸多社会价值，也是人类追求的一种理想的社会秩序和状态。古希腊思想家亚里士多德的法治理论被公认为是法治思想的萌芽，即法治既要有优良的法律，又要使优良之法得到民众的普遍认可与遵循。国内学界对于法治建设的理解和阐述也分为三种主要观点。一是"多层面说"。公丕祥教授认为，法治必须从治国理政、良法善治、行为规范和生活方式等多层面理解。二是"良法善治说"。王利明教授认为，法治包含"良法"与"善治"两方面的内容，即良法是符合法律的内容、形式和价值的内在性质、特点和规律性的法律，善治是民主治理、依法治理、贤能治理、社会共治、礼法合治的有机统一。三是"基本要义说"。张文显教授认为，科学立法、严格执法、公正司法、全民守法是当代中国法治基本要义的集中体现。对于法治的内容，他认为应包括法律制度、法治体制、法治文化，其中法律规范、法律体系、法治体系构成法律制度，立法机构、执法机构、司法机构、法治职业共同体等构成法治体制，法治概念、法治观念、法治思想、法治价值、法治理论、法治习惯等是法治文化的重要组成部分。因此，从一般意义上理解，法治就是通过法律治理国家和管理社会，是一国法律制度建设及其运行的有机统一，其首要任务是应以一定的理念为标准，将主体的行为方式以具体、规则的形式确定下来，明确主体应该做什么，可以做什么，不能做什么，让人们的行为有可遵循之法。法治既包括一国静态的法律制度，也包括法律制度在社会生活中的实现过程，即包括立法、执法、司法、守法等在内的动态行为和实现状态。

生态产品价值实现法治建设是坚持中国共产党的领导，以习近平生态文明思想为指导，以污染防治、碳减排、生物多样性保护、监督管理等为重点，从立法、执法、司法、守法等方面进行生态产品价值实现的实践探索活动。

第二节　生态产品价值实现法治建设的重要意义

生态产品价值实现法治建设是中国应对生态环境危机的理性使然，是在人类文明从农业文明、工业文明上升到生态文明后法治与其相适应的提升。生态产品价值实现法治建设不仅是满足人民日益增长的美好生态环境需要的必然要求，也是新阶段经济高质量发展的目标要求，更是实现生态治理体系和治理能力现代化的必然选择。加强生态产品价值实现法治建设，对推进当代中国的生态文明建设和实现中华民族可持续发展具有十分的必要性和紧迫性。

一　满足人民日益增长的美好生态环境需要的必然要求

党的十八大以来，党和国家始终坚持"绿水青山就是金山银山"的理念，站在人与自然和谐共生的高度谋划发展。生态产品价值实现作为践行"绿水青山就是金山银山"理念的重要抓手，充分体现了新时期生态文明建设的新高度，更是中国全面深化改革总体部署、长远规划的一项重要内容。满足人民群众的合理需求应是任何时期国家社会建设的重要目标。当前，中国综合国力不断增强，社会主要矛盾业已转变为人民日益增长的美好生活需要和不平衡不充分发展之间的矛盾。社会主要矛盾的转变也正体现了人民群众对自然生态环境的高品质要求以及高质量生态产品供给的多层次需求。在新发展阶段，加强生态产品开发，提升生态系统多样性，增

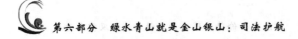

强生态系统保护和修复，正是解决客观现实存在的发展不平衡、不充分的矛盾的内在要求，在当下的时代背景下具有十分重要的现实意义。

二　新阶段经济高质量发展的目标要求

进入新发展阶段，国内发展环境和条件发生了重大变化，中国经济由高速增长阶段转向了高质量发展阶段，开启了高质量发展的新征程。优美的生态环境既是中国高质量发展建设的标准与结果，也是建设美丽中国的重要目标。当前中国正处在发展关键期、改革攻坚期，国内生态产品的供给体系尚未完全建立，而人民群众对生态产品的供给体系、对生态系统服务提出了更高的要求，生态产品的开发利用需要更贴合人民群众的消费意愿与需求结构。因此，生态产品价值实现机制体制的实践创新，不仅是高质量绿色发展的本质要求，也是构建高质量现代经济体系不可缺少的环节。

三　实现生态治理体系和治理能力现代化的必然选择

习近平总书记指出，要推进国家治理体系和治理能力现代化，全面深刻理解和把握全面深化改革。实现生态治理体系和治理能力现代化，需要加强顶层设计和科学规划，要健全和完善环境保护、自然资源保护、生物多样性保护、污染防治、能源安全、生态安全等重要领域的立法，完善循环经济、绿色清洁能源等领域的生态协同性法律；要依法行政、严格执法，完善监督管理体制和问责机制；要推进绿色普法，牢固树立生态价值观，实现生态治理从一元单治向多元共治的结构性转化，推进政府、企业和社会公众的共赢善治。

第二章

生态产品价值实现法治建设的理论来源

第一节　马克思主义经典作家的相关论述

马克思主义经典作家从辩证唯物主义基本立场出发，揭示了人—社会—自然的一般生态系统。他们以人与自然的辩证统一关系为立论之基，对人与自然的"异化"及其生态问题做了深入的研究，重点剖析了生态问题的社会制度根源，强调法律对于阶级和社会制度的标志性作用，阐述了运用法治调节生产方式和社会制度的科学理论。马克思、恩格斯论述了人与自然辩证统一的关系。马克思在《资本论》中总结了三种生态危机出现的原因：一是资产阶级对利润的无序追求导致自然资源消耗殆尽。二是周期性经济危机带来民众的低购买力导致大量自然资源浪费。三是资本主义制度下工业和农业的分离、农村和城市的对立，破坏了人与土地之间的物质交换。

列宁坚持和发展了马克思、恩格斯的资源环境思想，在人与自然的辩证关系上，深刻批判了资本主义对利润追求的无序扩张，导致对自然资源的掠夺和浪费，并更加注重在实践中对环境立法的保护。其论述主要分为三个方面：第一，辩证地论证了人与自然的关系，从自然界出发，寻找对人的精神的解释，由事物本质入手，认识自然，尊重自然，才能正确地改造自然。第二，对自然资源的合理开发和利用，反对盲目、无序地开采和浪费。因此，他提出要合理利用资源，节约资源，从而促进社会的可持续发展。第三，注重生态环境法律制度建设。列宁十分重视环境问题，为保护资源及合理利用资源所签署的法令达200多件。

第二节　中国的社会主义生态文明建设

新中国成立70多年以来，党和国家在生态文明建设方面颇有成效。历届党中央领导集体将马克思主义基本理论与中国革命、建设和改革的伟大实践相结合，为中国生态文明建设特别是新时代生态文明法治建设提供了理论指导和基本遵循。

一　毛泽东环境保护思想

毛泽东环境保护思想作为毛泽东思想的重要组成部分，是以毛泽东同志为领导核心的党的第一代中央领导集体在领导人民探索社会主义建设道路的过程中，对生态建设进行初步探索所形成的有关环境保护的思想，为中国生态文明建设奠定了重要思想基础。

由于战争对生态环境造成的严重破坏，新中国成立后，环境修复和生态治理成为党和国家的一项急切任务。毛泽东当时有针对性地提出了消灭荒山荒地的任务，并将植树造林作为当时生态环境保护的核心和重点工作，为此开展了广泛的群众运动。周恩来强调"林业工作为百年工作"，提出要采育结合、重点育林。党和国家明确提出要制定若干纲要和条例保护作为农业命脉的自然环境。

二　邓小平生态资源环境保护思想

改革开放新时期，以邓小平同志为核心的党的第二代中央领导集体认真总结了中国社会主义建设的经验和教训，提出了以正确处理经济发展与环境保护关系、依靠法治保护生态资源环境为主要内容的邓小平生态资源保护思想。

邓小平生态资源环境保护思想提出了人与自然协调发展的观点。这一时期确立的人与自然协调发展的观点，为中国转变经济发展方式、实现从粗放型向集约型发展转变提供了宝贵的经验，为推进资源节约型社会建设奠定了思想基础。同时，邓小平主张依靠法治来保护生态资源环境，认为社会主义建设要依靠法律和制度，将环境保护定位国家基本政策，号召全国人民开展全国性的义务植树活动，并制定与完善环境法律法规，着眼于环境保护和生态发展的生态法治建设，为农业生产规模化、集约化、科学化提供了基本框架与方向，为推进中国环境治理的规范化奠定了重要的法治基础。

三 江泽民可持续发展思想

为解决 20 世纪 90 年代社会经济发展过度追求发展速度和 GDP 增长出现的粗放式开发模式，从而忽视生态环境的可持续发展，造成资源浪费和环境破坏等问题，以江泽民同志为核心的党的第三代中央领导集体针对生态环境难以承载经济高速增长的问题，形成了生态可持续发展的重要思想。

江泽民提出要提升生态建设在经济发展中的重要地位，协调环境保护和经济发展的关系，边保护，边发展，实现环境保护与经济发展的双向共赢。要正确处理三大关系：一是正确处理发展与保护的关系；二是正确处理当代与后代的关系；三是正确处理人口、资源与环境的关系。以江泽民同志为核心的党的第三代中央领导制定了可持续发展的三大基本国策。党的十六大把"可持续发展能力不断增强"作为全面建设小康社会的目标之一。最后，江泽民提出要大力推动生态制度法规建设，把人口、资源、环境工作切实纳入依法治理的轨道。

四 胡锦涛统筹人与自然和谐发展的思想

以胡锦涛同志为总书记的党中央提出了统筹兼顾、注重源头、综合治理的生态统筹发展思想。他提出，第一，人与自然和谐发展的理念，标志着中国的自然发展理念从过去传统的"征服自然""战胜自然"向"人与自然和谐共生"转变。第二，明确生态文明建设的重要地位。党的十七大明确提出要"建设生态文明"，"要完善有利于节约能源资源和保护生态环境的法律和政策，加快形成可持续发展体制机制"，这也是党历史上第一次把生态文明作为重大战略任务提出。第三，形成以命令控制、经济刺激

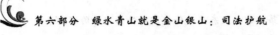

和激励约束为手段的生态文明法律制度。党的十八大明确提出了生态文明建设的目标、要求，强调要通过采取制定环境税费、污染者付费、交易许可证与排污权等多样化方式加强生态治理，注重对政府宏观规划进行监督，健全生态环境保护责任追究与环境损害赔偿监管制度。

五　习近平生态文明思想

党的十八大以来，习近平总书记多次就生态环境保护和生态文明建设作出重要指示，将生态文明建设纳入国家发展大计，上升为国家意志，提出"环境就是民生，青山就是美丽，蓝天也是幸福，绿水青山就是金山银山"，形成了以"两山论"为核心内容的习近平生态文明思想。其中，习近平生态法治思想是习近平生态文明思想的重要组成部分。他指出，"只有实行最严格的制度、最严密的法治，才能为生态文明建设提供可靠保障"。以习近平同志为核心的党中央充分认识到生态环境问题产生的制度性原因，旗帜鲜明地主张要通过法治贯彻和落实生态文明建设，以保障国家生态文明建设顺利进行，开启了中国生态文明法治建设新时代。在立法上注重建立环境保护法律体系，党的十八大以来制定的生态环境相关法律法规是遵循生态治理规律、增强立法质量、符合现实需要的科学法律体系。在执法上，要注重规范环境行政执法行为，通过创新环境执法方式，推动环境行政执法保障体系的建立和完善。在司法上，要注重提升环境司法专业能力，深化司法体制改革，促进和维护生态司法公正。在守法上，要注重提高公民环境守法意识，坚持全民共治，构建政府为主导、企业为主体、社会组织和公众共同参与的环境治理体系。

第 三 章

生态产品价值实现法治建设存在的
主要问题及其原因

第一节 生态保护修复需要系统化推进

　　生态保护修复需要全过程管理、全社会参与，因此需要系统性推进。一是生态环境保护修复的预防性措施不到位，司法部门更多关注生态环境损害行为的审判工作，而未积极主动落实生态保护修复理念，在事前直接干预生态损害行为。二是增殖放流、补植复绿等生态修复基地仍在小范围内进行，未在全社会系统推进，对社会公众普法效果有限。三是执法过程不够规范，生态环境问题整改落实困难，尚未建立有效的回访制度监督生态环境整改结果。

第二节 生态环境资源审判工作机制仍有待完善

　　一是大多数基层法院尚未建立环境资源刑事、民事、行政案件"三合一"归口审理模式。如在丽水9个县（市、区）中，只有青田县人民法院建立了生态环境审判专门法庭。二是环境行政执法与刑事司法协调不足，行政部门与司法机构尚未形成联合执法的机制化联动。

第三节 生态环境资源审判力量仍有待增强

　　一是缺乏统一的生态环境损害鉴定评估技术标准，在审判过程中存在

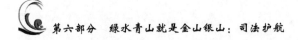

评估不够科学、量刑难的问题。二是从事生态环境损害司法业务的第三方鉴定机构数量较少，不足以支撑大量生态环境损害案件的审理。三是随着相关环保法的出台及修订，法院审判人员还需不断学习生态环境损害相关法律法规。同时，环境损害司法鉴定专家库还需国家或地方出台相应法律法规进行培育及管理。

第四节　生态环境多元共治体系仍有待加强

一是现代化生态环境治理体系还需进一步加强。要进一步明确政府、企业、社会组织与公众在生态环境治理过程中负有的职责与行为分工。二是司法部门与林业、农业、环保等职能部门缺乏有效的沟通机制，导致司法审判结果未落在实处。三是鉴于各部门信息保密机制，生态环境损害行为的证据采集和认定较为困难，无法实现信息共享。

第 四 章

生态产品价值实现法治建设的基本路径

第一节 系统化谋划——构建"预防+修复+监督"生态保护闭环

牢固树立新时代环境资源司法理念，构建事前预防、事后修复及监督回访生态闭环保护机制。一是在旅游景点、重要生态保护区域设立生态环境宣传牌，引导公众树立"尊重自然、顺应自然、保护自然"的生态文明新理念。二是建立增殖放流、补植复绿、修山抚育、巡山护鸟护林、跟踪回访等措施的"生态修复示范基地"，整体性、系统化推进生态修复机制的完善。三是开展多部门联合回访行动，督促生态修复义务人及时履行生态修复义务，落实"谁损害，谁担责""谁破坏，谁修复"原则。

第二节 制度化推进——完善生态环境资源审判工作机制

一是完善生态环境资源审判机制，推进基层法院建立环境资源案件刑事、民事、行政案件"三合一"归口审理模式。二是统筹考虑自然生态各要素保护需要，构建私益诉讼、公益诉讼和生态环境损害赔偿诉讼，刑事、民事和行政诉讼，磋商协议和司法确认等多种类型协同并存的诉讼体系，完善刑事制裁、民事赔偿、行政处罚有机衔接的责任方式，推动形成生态环境整体保护、系统恢复、区域统筹、综合治理的工作机制。三是构建科学合理的政绩考核评价制度，将环境资源审判功能纳入法院年度工作目标考核，构建生态司法+离任审计机制。

第三节　专业化运作——增强生态环境资源审判力量

一是探索建立统一的生态环境损害鉴定评估技术标准体系。二是积极培育专门从事环境损害司法业务的鉴定机构，并在资金及政策上给予支持。三是加强生态环境资源审判队伍专业化建设，通过组建咨询专家团队以及建立环境资源执法人员培训学习制度，提升执法队伍专业化水平。

第四节　协同化共治——共建"风清气正"美丽浙江

一是完善生态环境资源纠纷多元共治体系，形成党委领导、政府主导、企业主体、社会组织和公众共同参与的现代化生态环境治理体系。二是加强司法机关与林业、农业、环保等职能部门的联动机制，探索建立"村长＋法检警司""林长＋法检警司""河长＋法检警司"守护耕地、森林、水源等生态资源保护新模式。三是完善信息共享机制。基于数字化平台建设，推进行政执法、刑事司法与职能部门的信息共享平台建设，逐步实现生态环境数据监测、涉嫌生态环境损害行为取证、犯罪案件移送和受理、审判和生态修复监督的网络化处理。

第五节　全民化普及——营造全民守法护绿浓厚氛围

一是创新生态法治宣传教育工作形式。结合世界环境日、生态文明日、植树节等与生态环境保护相关的重要节日，在旅游景区、生态环境破坏地、村文化礼堂等地开展生态司法巡回审判工作，做好老百姓身边发生的生态案件审判工作，营造全民知法、守法、护绿的浓厚氛围。二是采用多种形式创新普法方式。依托"云间法庭"、微博、微信公众号、抖音等新型传播媒介，围绕环境整治、环保常识、生物多样性保护等与公众生活相关的问题，及时宣传环保法律法规。三是加大对绿色环保协会、生物多样性保护协会、环保公益基金会等环保组织的扶持力度，探索建立公益诉讼保障机制，发挥民间环保组织在保障公众环境权益方面的巨大力量。

生态产品价值实现法治建设的丽水探索

习近平总书记指出："要像保护眼睛一样保护生态环境。""保护生态环境就是保护生产力，改善生态环境就是发展生产力。"丽水谨记"绿水青山就是金山银山，对丽水来说，尤为如此"的嘱托，积极探索司法审判在生态环境资源损害赔偿系统化、制度化、专业化、协同化、全民化等方面的有效路径，提升生态环境资源案件审判质量与效率，为丽水生态产品价值实现从试点走向示范保驾护航。截至2022年，丽水全面实行环境资源"三合一"审判，审结案件2523件；全面落实环境公益诉讼制度，审结案件154件，6个案例分别被最高法、省高院作为典型案例发布，居全省第一。

第一节　严厉打击生态环境资源损害违法犯罪行为

【基本案情】被告人陈某某、王某某分别为台州市两家电镀企业负责人。2019年9月至2020年3月，陈某某、王某某多次将各自企业的电镀污泥以明显低于市场价格且不开具环保部门要求的危险废物转移联单的方式，私下交由没有危废处置资质的被告人马某处置。马某联系被告人王某、林某1分别负责电镀污泥的运输、倾倒处置。王某安排李某某等人负责驾驶运输，在管理人员被告人丰某某、谭某某的帮助下，将电镀污泥过磅并运出厂区；林某1则让被告人林某2等3人多次在青田县船寮镇赤岩工业区、青田县中东部垃圾填埋场卸下电镀污泥并非法填埋，共计325.87吨。经鉴定，上述非法倾倒的电镀污泥属于危险废物，且经专业机构评

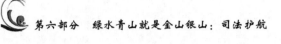

估，上述违法倾倒电镀污泥行为造成生态环境损害的修复费用为 105.2 万元，鉴定评估费用 22 万元。

【裁判结果】法院经审理认为，被告人马某等 11 人违反国家规定，非法倾倒危险废物，后果特别严重，其行为均已构成污染环境罪。综合各被告人具有坦白或自首、预缴生态环境损害赔偿金等从轻量刑情节，根据宽严相济的刑事政策，对被告人马某、陈某等 4 名主犯分别判处三年至四年不等有期徒刑，并处 6 万元至 10 万元不等的罚金；对其他 7 名从犯判处一年三个月至二年不等有期徒刑并适用缓刑，并处罚金。同时，禁止 11 名被告人在一定期限内从事与处置危险废物有关的经营活动。此外，刑事附带环境污染民事公益诉讼部分达成调解协议，11 名被告人共赔偿生态环境损害赔偿金等 127.2 万元、惩罚性赔偿金 31.56 万元，计 158.76 万元。

【典型意义】丽水作为"中国生态第一市"，生态环境状况指数连续 18 年全省第一，是浙江重要的绿色生态屏障。青田法院坚持用最严格的制度、最严密的法治保护生态环境，依法适用惩罚性赔偿制度，并严格控制缓刑适用，严厉打击破坏生态环境犯罪行为，向社会发出保护生态环境的最强音。该案系浙江省首例适用《中华人民共和国民法典》对污染环境行为进行惩罚性赔偿的案件。

第二节　森林资源民事纠纷案灵活审理

【基本案情】2018 年 11 月，被告叶某成在位于浙江省遂昌县的国家三级公益林山场中清理枯死松木时，滥伐活松树 89 株，立木蓄积量为 22.9964 立方米，折合材积 13.798 立方米。案发后，叶某成投案自首且认罪认罚。浙江省遂昌县人民检察院认为不需要追究其刑事责任，遂于 2019 年 7 月做出不起诉决定。根据林业专家出具的修复意见，叶某成应在案涉山场补植二年至三年生木荷、枫香等阔叶树容器苗 1075 株。浙江省遂昌县人民检察院于 2020 年 3 月 27 日提起民事公益诉讼，并在案件审理中提出先予执行申请，要求叶某成按照修复意见先行在案涉山场补植复绿。由于种植木荷、枫香等阔叶树的时间节点已过，公益诉讼起诉人变更诉讼请求，要求叶某成根据林业专家重新出具的修复意见，补植一年至二年生杉木苗 1288 株，并进行抚育以保障存活率，否则须承担生态修复费用。

【裁判结果】浙江省丽水市中级人民法院认为，叶某成破坏生态环境的行为清楚明确，鉴于当前正是植树造林的有利时机，先予执行有利于生态环境得到及时有效恢复，故裁定予以准许，责令叶某成在 30 日内履行补植复绿义务。叶某成于 2020 年 4 月 7 日履行完毕，浙江省遂昌县自然资源和规划局于当日验收。一审法院经审理认为，叶某成违法在公益林山场滥伐林木，破坏了林业资源和生态环境，应当承担环境侵权责任，判决其对补植的树苗抚育三年，种植当年成活率不低于 95%，三年后成活率不低于 90%，否则须承担生态功能修复费用 9658.4 元。宣判后，当事人均未上诉，一审判决已发生法律效力。

【典型意义】"尊重自然、顺应自然、保护自然"的和谐共生理念，既传承了天地人和的中华民族优秀文化传统，又体现了当前中国所采取的绿色、可持续发展战略，具有鲜明的时代特征。《中华人民共和国森林法》第一条立法目的、第三条基本原则充分肯定了尊重自然理念。森林资源民事纠纷案件的处理，在专业事实认定、责任承担方式、修复方案履行等方面，均应当尊重森林生长发育的自然规律。本案中，人民法院判令被告采用补种复植方式恢复森林生态环境，明确修复义务的具体要求，并确定了其在期限内未履行补植、抚育义务所应承担的修复费用。同时，考虑到补植树苗的季节性要求和修复生态环境的紧迫性，认定本案符合法律规定的因情况紧急需要先予执行的情形，责令被告根据专业修复意见，在适宜种植时间及时履行补植义务，最大限度保障了树苗存活率和生长率。本案体现了人民法院贯彻《中华人民共和国民法典》绿色原则，创新环境资源裁判执行方式，有效避免因诉讼程序导致生态环境修复延迟，促使森林生态环境功能得到及时有效恢复。

第三节　多元主体共治生态环境污染

【基本案情】青田县某废油回收再利用加工厂于 2008 年成立，并以胡某泉个人名义取得个体工商户营业执照，但该厂实际由胡某泉等13人合伙经营。该厂在未取得危险废物经营许可证的情况下，以废矿物油为主要原料，通过"土法炼油"方式非法提炼非标柴油，随意排放废气，并将焚烧后的煤渣与废渣混合物倾倒在厂区周边，致使周边土壤受到严重污染。经鉴定，倾倒废渣的行为对1732.5立方米土壤造成污染，其中622.5立方米土壤需要开展工程修复，费用为37.14万元。另外，青田县某废油回收再利用加工厂及胡某泉等人于2019年7月缴纳138万元至青田县环境保护局危险废物处置保证金专户，用于涉案污染物的处置。

【裁判结果】经浙江省丽水市中级人民法院调解，各方当事人达成调解协议，认可已缴纳的138万元用于涉案污染物的处置，并将剩余32.87万元用于偿还本案所涉土壤修复工程费用和土壤生态补偿费用，不足部分由各被告在本协议签订之日起3日内支付等。

【典型意义】本案是因非法倾倒废渣引发的污染环境民事公益诉讼案件。本案中，法院充分考虑因固体废物污染造成的环境损害修复的急迫性，积极发挥司法职能，多次组织现场勘验、座谈，在充分实现原告全部诉讼请求以及取得各方当事人同意的情况下，调动各类主体的积极性，以调解的方式化解了纠纷，实现政府、法院、检察院、社会团体以及侵权人的共同参与、共同协作、共同治理，使得修复工程费用和生态补偿费用以最快的形式、最短的时间到位，为陆续开展的污染修复工作提供了保障，在定分止争的同时，实现受损生态环境的及时、有效修复。

第四节　GEP核算结果首次在司法应用

【基本案情】2018年10月至12月，被告人吴某、吴某某为平整河道并盖村委大楼集资，明知×××村河道清淤项目（以下简称项目）没有通过水利局等部门审批许可，仍以村民代表大会的方式将项目承包给××砂厂。××砂厂股东被告人伍某某、陈某某明知该项目未经审批，仍然在青田县××村河道内非法采砂，并按照约定支付××村委会25万余元。经鉴定，河道非法采矿量为22855.28立方米，市场价值790336元。2021年

2月24日，伍某某、陈某某、吴某某、陈某某等人主动到青田县公安局投案。投案后，伍某某等人共退赃80万元。

除非法采矿的经济价值外，中国（丽水）两山学院生态产品价值核算及转化应用研究所受青田县人民法院委托，评估该案非法采砂行为对生态产品损害价值总计28.49万元。

【裁判结果】法院经审理认为，被告人伍某某、陈某某、吴某、吴某某违反矿产资源法的规定，未取得河道采砂许可证擅自采砂，情节严重，其行为触犯了《中华人民共和国刑法》第三百四十条第一款、第二十五条，应当以非法采矿罪追究其刑事责任。被告人与当地生态强村公司签署了《生态修复协议书》，自愿出资28.49万元委托其开展生态保护和修复工作，并由当地政府监督实施。

【典型意义】对该案生态产品价值损害情况进行核算评价，实现了对受损生态环境整体价值的精准量化，并将评价结果作为被告人履行生态修复的依据，开创了生态系统生产总值核算技术在司法保障生态产品价值实现方面的探索实践先河。青田县人民法院、当地强村公司和乡政府通过"司法＋强村公司＋乡镇"协同助力生态环境保护修复模式，架起生态修复和强村富民的桥梁，实现了司法护航生态环境保护向经济价值转化跃迁。

第五节　严格落实耕地保护政策

【基本案情】原告张某户、被告廖某户均系船寮镇芝溪村集体组织成员。1998年9月，该村开展第二轮土地承包，原告张某户从该村经济合作社承包了"炮田下"地块0.375亩（以下简称为诉争承包地）土地，并签订了土地承包合同，承包期为30年。2018年7月，该村开展土地确权登记工作，被告廖某户与该村经济合作社签订农村土地承包合同，将诉争承包地确权登记在其名下。原告知悉后，向法院提起诉讼，要求确认被告廖某户与该村经济合作社签订的土地承包合同无效，并返还该承包地。审理中，法院组织双方现场勘查，发现该承包地已弃耕、撂荒多年。2021年3

月 16 日下午，原告张某户向法院提交了先予复耕申请。青田法院经审查认为，本案诉争地系基本农田，已撂荒多年，现正值春耕备耕的重要时节，为不误农时，申请人自愿承担复耕费用及败诉造成的损失，提出先予复耕申请，符合农业生产规律且有利于防止耕地"非农化""非粮化"，提高了耕地利用率。故该院于次日作出准予申请人张某户对该承包地先予复耕的民事裁定。

【裁判结果】青田县人民法院认为，农民拥有法律赋予的长期而稳定的土地承包经营权，法定承包期内，不得违法调整和收回承包地。本案中，诉争承包地尚在原告张某户的承包期内，被告廖某户与被告芝溪经济合作社于 2021 年 7 月 25 日签订《农村土地承包合同》，再次对诉争承包地进行调整，属违法调整承包地，侵害了原告张某户的合法承包经营权。故依照《中华人民共和国农村土地承包法》第二十三条、第二十八条和《最高人民法院关于审理涉及农村土地承包纠纷案件适用法律问题的解释》第六条第一款第（二）项的规定，判决如下：一是被告廖某户与被告青田县船寮镇芝溪村股份经济合作社于 2018 年 7 月 25 日签订的《农村土地（耕地）承包合同》中关于"炮田下"地块面积 0.375 亩的承包合同内容无效；二是被告廖某户立即返还原告张某户"炮田下"地块 0.375 亩的承包地。

【典型意义】党中央、国务院高度重视耕地保护，近年来出台了一系列严格耕地保护的政策措施。青田法院从保护农民耕种的实际情况出发，灵活运用先予执行措施，发出全省首份先予复耕裁定，保障诉争不误农时。同时，坚决制止耕地"非农化""非粮化"，确保耕地合理利用，牢守粮食安全底线，用司法力量助推乡村振兴。青田法院做出先予复耕裁定后，与当地政府协同配合，共同保障先予复耕顺利完成。该案判决后，双方均息诉服判，当事人送锦旗为法院点赞，实现了法律效益、政治效益和社会效益的有机统一。

第六节　补植复绿修复生态环境

【基本案情】2021 年 1 月 14 日，被告人殷某在高湖镇五源山洪寮山场的农田上焚烧草灰积肥，不慎引燃荒田杂草，引发了森林火灾。经鉴定，本次火灾烧毁有林地面积2.4133公顷，疏林地面积23.07亩，造成林木总损失价值11616.38元。案发后，被告人殷某主动投案，并支付大火工资。审理中，殷某向法院申请就地补植复绿，法院会同检察院、林业局、当地政府，针对烧毁区域的地理环境、被告人履行能力等因素提出可行性生态修复方案：殷某与村委会签订补植复绿协议，承诺对被烧毁的山场通过种植油茶实现补植复绿，并自愿在五源山村以敲锣警示等方式义务防火宣传三年。该村专门指定村支部书记、村民主任叶某监督保障殷某履行补植复绿协议。

【裁判结果】本案审理过程中，被告人殷某与高湖镇五源山村村民委员会签订补植复绿协议，对烧毁山场进行补植、管护。考虑到此次失火系殷某过失犯罪，且其自愿认罪认罚，有自首情节，悔罪表现良好，法庭当庭宣判被告人殷某犯失火罪，判处有期徒刑八个月，缓刑一年二个月。做出判决的同时，法庭还附上了一份"补植令"，责令殷某按协议规定完成补植任务。

【典型意义】森林火灾是一种突发性强、破坏性大、处置救助较为困难的灾害。部分群众防火意识较为薄弱，经常因疏忽大意造成森林火灾，森林防火形势非常严峻。本案被告人以补植复绿方式修复被破坏的森林，弥补生态环境遭受的损害，让一名森林的破坏者最终成为补植复绿的修复者和森林防火的宣传者，最大限度保护好绿水青山的同时，也起到了良好的惩戒教育作用。另外，此次补植复绿的树苗为油茶，属经济林木，成熟后可带来经济效益。被告人通过种植油茶积极弥补损失，为受损害村民带来增收，同时也能增加自身收入，实现生态修复和经济双受益。

小　结

　　浙江丽水践行"绿水青山就是金山银山"理念，积极探索司法护航绿水青山，努力拓展生态产品价值实现路径。本部分概述了习近平总书记关于生态文明法治建设重要论述的渊源，主要包括马克思主义生态观、毛泽东环境保护思想、邓小平生态资源环境保护思想、江泽民可持续发展思想、胡锦涛统筹人与自然和谐发展的思想和中国特色社会主义生态思想。在分析丽水司法护航绿水青山主要做法的基础上，本书指出司法护绿中存在的主要问题，提出以下五点建议：一是系统化谋划，构建"预防＋修复＋监督"生态保护闭环；二是制度化推进，建立生态环境资源审判工作机制；三是专业化运作，增强生态环境资源审判力量；四是协同化共治，共建"风清气正"美丽浙江；五是全民化普及，营造全民守法护绿浓厚氛围。丽水从严厉打击生态环境资源损害违法犯罪行为、多元主体共治生态环境污染、首次在司法应用 GEP 核算结果等方面出发，积极推动生态治理，推动习近平总书记关于生态法治的重要论述落到实处。

第七部分
绿水青山就是金山银山：文化赋能

《全国主体功能区规划》（国发〔2010〕46号）首次提出"生态产品"，把生态产品定义为维系生态安全、保障生态调节功能、提供良好人居环境的自然要素，包括清新的空气、清洁的水源和宜人的气候等。生态产品主要包括物质类产品、调节服务类产品和文化服务类产品三类。

文化服务类产品作为生态产品价值实现的重要组成部分，丽水市始终坚持以"八八战略"为引领，积极培育生态产品市场经营开发主体，对接绿色金融，鼓励盘活废弃房屋、古村落等存量资源，配合生态环境整治和实施旅游配套设施建设，引导开发研学游、文化体验游，让生态美景变成优美景区、河湖治理等生态修复项目与旅游观光结合。同时，为满足人民日益增长的美好生活需要，丽水市着重做好"生态+"文章，充分发挥生态资源优势，持续挖掘文化特色，不断放大全域旅游示范区品牌效应推进试点工作，不断促进农文旅产业深度融合。坚持保护优先与资源环境可持续开发利用并举，突出规划引领、要素保障、业态创新，积极探索生态旅游新模式，提升文化旅游开发价值，开展"绿水青山"向"金山银山"转化路径的有益探索，稳步推进生态产品价值实现机制各项工作。

生态产品价值实现与文化赋能

党的二十大报告提出，"全面建设社会主义现代化国家，必须坚持中国特色社会主义文化发展道路，增强文化自信，围绕举旗帜、聚民心、育新人、兴文化、展形象建设社会主义文化强国"，特别强调"高质量发展是全面建设社会主义现代化国家的首要任务"，我们"必须牢固树立和践行绿水青山就是金山银山的理念，站在人与自然和谐共生的高度谋划发展"。文化赋能可以延长产业链，延长产业的上下游，增加生态产品的质量和附加价值，从而增加生态产品的价值。

第一节 文化赋能的科学内涵

一 生态产品价值的内涵

"推动绿色发展，促进人与自然和谐共生"，是生态产品所体现出的价值之一。基于自然生态系统运作而产生的生态产品是一种客观存在的事物，展现了人与自然和谐共生的过程。从狭义视角分析，环境因素被纳入生态产品的设计中，将在产品全生命周期中各个环节可能产生的环境因素负荷考虑在内。由于设计理念包含环境因素，所以它对实际环境的影响程度较低，只是单单将"人类物质产品"和"环境因素因子"相结合考虑产品。生态产品的概念随着时代发展逐渐变得清晰、明朗。世界近100个国家和地区的1300多位学者经4年科学研究后，于2005年共同发布了《千年生态系统评估报告》。该报告指出：人类所处的生态系统有60%正在衰退，地球上将近2/3的自然资源已经枯竭。生态环境的衰退逐渐加重，衰

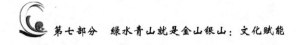

退态势极有可能保持50年以上的时间。报告特别说明，解救生态的第一重要因素是改变自然资源可以无限制索取的人类传统观念。世界各国在制定法律条文时应当说明全部经济决策中的成本包括自然成本，借助政策和制度延迟生态系统进一步恶化。保护生态的重要性、严峻性在全球范围内已逐渐达成共识，广义生态产品的概念也被越来越多的民众认可。中国会议精神和相关政策文件也体现了对生态系统的重视，详见表7-1-1。

表7-1-1　　　　中国会议精神和政策文件中体现的生态理念

时间	会议/政策文件	内容
2010	全国主体功能区规划	生态产品指维系生态安全、保障生态调节功能、提供良好人居环境的自然要素，包括清新的空气、清洁的水源和宜人的气候等
2012	党的十八大报告	大力推进生态文明建设，增强生态产品的生产能力
2018	深入推动长江经济带发展座谈会	习近平总书记提出探索政府主导、企业和社会各界参与、市场化运作、可持续的生态产品价值实现路径
2021	建立健全生态产品价值实现机制的意见	建立健全生态产品价值实现机制的主要目标及机制建设任务
2021	中共中央、国务院关于支持浙江高质量发展建设共同富裕示范区的意见	拓宽绿水青山就是金山银山转化通道，建立健全生态产品价值实现机制，探索完善具有浙江特点的生态系统生产总值（GEP）核算应用体系

　　2022年10月16日，党的二十大报告提出，大自然是人类赖以生存发展的基本条件。尊重自然、顺应自然、保护自然，是全面建设社会主义现代化国家的内在要求。我们要推进美丽中国建设，坚持山水林田湖草沙一体化保护和系统治理，统筹产业结构调整、污染治理、生态保护、应对气候变化，协同推进降碳、减污、扩绿、增长，推进生态优先、节约集约、绿色低碳发展。

　　根据以上结论和相关概念解析，生态产品是一种具有维护和保障生态调节的服务功能，同时能为人类提供生产资料的物质产品。广义上的生态产品是以生态要素本身的价值作为显著特点，这种价值是生态产品"投入"与"产出"过程的必要基础。

二　生态产品价值的分类

基于生态产品价值的物质产品属性、调节服务属性和文化服务属性，总体来说，生态产品对应的价值大致可以分为三大类。

（一）物质产品价值

从生态系统中可以直接或间接所获得的产物，如食物、淡水、木材和纤维、化学物质、遗传资源等。具体表现形式为各个地区的特产，比如浙江云和的木玩、雪梨，庆元的香菇，龙泉的青瓷，杭州的龙井等。

（二）调节服务价值

从生态系统调控功能上所获得的益处，例如森林防风固沙，改善气候，防止疾病传染，净化水源，都是通过生态系统的调节服务所实现的。具体表现为因地制宜的工程，比如浙江云和梯田、青田的稻鱼共生系统等。

（三）文化服务价值

基于生态系统附加的文化属性所产生的受益，例如精神文明、宗教信仰、观光旅游、自然美学、人文教育、乡土情怀、文化遗产等。具体表现形式为不同地区的特色文化，比如浙西南少数民族地区的畲族文化、丽水龙泉的青瓷文化、云和的梯田文化、青田的石雕文化以及各地的老街、古居民古村落文化等。

在上述的三种文化价值中，以丽水为例，当前对于地方国内生产总值（GDP）贡献率较小的是生态系统直接或间接获得的产物即物质产品价值，所占比例约为4%；最大的是生态产品的调节服务价值，所占比例约为73%；文化服务价值所发挥的作用占比约为23%，仍有较大的提升空间。党的二十大报告提出，要"扎实推动乡村产业、人才、文化、生态、组织振兴"。文化振兴作为乡村振兴的核心内容之一，无疑是当前山区高质量发展的重要使命与任务。

三　文化赋能的科学内涵

党的二十大报告特别提出，要"推进文化自信自强，铸就社会主义文化新辉煌"。文化是灵魂，是人民一切生活状态的重要支撑。文化存在于精神上，不仅能带动或促进社会经济的发展，更是一种精神或心灵上的指引。文化赋能是一种给予，它的注入是山区高质量发展的增强能量；文化赋能是提升乡村和山区文化实力的一种重要表现，将文化精髓与各种生态产品价值实现的活动相结合，与中国式现代化建设相结合，与山区高质量绿色发展相结合，有了时代感、现实感、获得感。文化赋能生态产品价值实现的各种活动中，让精神生活与物质生活相互融合、相互促进，从而为老百姓带来更高品质的生活。文化赋能就是将物质、精神、心理、行为、制度等要素运用于生态产品价值实现的社会活动中，通过这些要素的相互影响与融合，从道、法、术、舆、习"五位一体"的融合关系，让社会全面发展。总体来看，文化构成要素包括以下几个方面。

（一）物质（态）文化

它是一种被物化的知识力量，通常是人类利用各种思维和工具对自然进行加工改造所获得。作为整体文化创造的基础，它通常是具有可感知性的实体文化事物，也是人类物质生产活动及衍生产品的总和，比如农耕文化（庆元的香菇文化、缙云的烧饼文化）、老三宝（青田石雕的镂雕技艺、龙泉宝剑锻造技艺、龙泉青瓷烧制技艺）、云和的木制玩具、景宁畲族的意符等。

（二）制度文化

它是人类在社会实践中建立的各种社会规则和规范，它包括政治制度、经济制度、法律制度、宗族制度，以及民族、宗教、教育、科技、艺术组织等民间组织自发形成的规范。目前，中国已形成独具特色的制度文化，从国家层面的制度到民间团体的规范，都反映出人民在自觉接受一定秩序的调整，制度文化体系不断完善。

（三）精神文化

它是人类所特有的一种意识形态，一般起源于基本的物质生产活动中，同时也是人类各种精神意识和观念的集合体。比如，"新时代松阳精神"，其内涵包括"精耕勤读、开放包容、奋斗图强"。这就是松阳人民的群体精神，既表现了松阳的文化自信，又表现为松阳新发展指导思想、人民的共同理想、地方特色文化传统和人民道德素质的综合体。又如"新时代龙泉精神"，其内涵包括"剑瓷品质、极致匠心"，剑与瓷，穿越千年时光，刚柔并济，成为龙泉这座历史文化名城厚重的文化基座。龙泉人民用匠心把中国文化锻打、雕刻进器物，淬炼出的剑瓷品质，是时间赠予的礼物，也是心领神会的文化传承。再如，浙西南革命精神文化是浙西南群众在中国共产党的领导下为人民解放、人民独立、人民幸福而献身的情怀，它把中国传统文化与革命理想相结合，演绎出了浙西南群众救亡图存的动人篇章。因为这种精神文化，浙西南完成了重燃浙江革命烽火、奠定浙江革命之基、巩固浙江革命之树的历史任务，彰显了现代中国文化发展的民族性和人民性，塑造了革命战争年代以及改革开放后中华文化形态在浙西南大地上的新表现、新诠释、新形态。

（四）心理文化

它是价值观念、审美情趣、思维方式等所有心理过程的总和，经人类生活中的长期社会实践及意识活动才能形成，通常被认为是文化的核心。心理文化包含社会心理和社会意识形态。前者是人类日常的精神状态和思想风貌，是一种还没有被社会价值观念影响的原始心态；后者是经过系统性加工的社会意识，它们一般是文化专家用理论归纳、逻辑整理、艺术完善等方式对社会心理进行加工后，并以著作、戏曲等物化形态固定下来，从而流传于社会。

（五）行为文化

它是一种习惯性的固定行为方式，产生于人类日常生活的方方面面，特别是人类交往过程中所形成的礼仪行为。民风民俗形态是它的主要表现形式，从日常的起居动作到特有的民族、地域行为方式，都隐含着行为文化。比如，景宁畲民的行为文化，在景宁畲族特色小区内居住，讲畲族语言，穿畲族服饰，传承畲族习俗，在小区的宣传窗、宣传走廊、文化中心等区域展现畲族传统文化，树立畲族特色技能名人，鼓励畲族根雕、彩带编制、藤编柳编等畲族技艺等艺人带徒传承畲族文化艺术。

四 生态产品价值实现与文化赋能的逻辑关系

（一）生态产品中的物质产品价值

可通过文化赋能的方式延长产业链，延长产业的上下游，提高产品的质量和增加附加价值，从而增加生态产品的价值。比如，杭州的茶文化就可以通过延长产业链，增加相关的茶周边，通过丰富生态产品的种类来增加生态产品的价值。比如，在茶罐等周边印上与茶有关的事件，增加生态产品的文化附加价值，以提高生态产品的价值。

（二）生态产品中的调节服务价值

可通过文化赋能的方法，如通过社会舆论和制度引导，强化生态环境保护的意识，保护生态环境和生物多样性，发挥生态产品的调节作用，增加生态产品的价值。比如，云和梯田，通过文化赋能的方式，加强人们的环保意识，优化梯田结构，增强其涵养水源、保持水土的作用，增加生态产品的调节服务价值。

（三）生态产品中的文化服务价值

通过文化赋能的方式，强化生态产品的相关文化内容，形成各个地区的文化特色，增加生态的文化附加价值。比如，龙泉的青瓷文化，通过文化赋能，形成有关青瓷的文化及其课程，创设了城市独特的文化氛围，产生了一定的品牌效应，增强了生态产品的文化服务价值。

（四）地方文化的生产力机制

地方文化影响着区域百姓的过去、现在和将来，其中的思维方式、价值观念、行为准则具有极强的生命力，通常可绵延数代。地方文化有强烈的历史传承性，同时也鲜活，具有变异性。它总是潜移默化地影响和约束着当今的传承者，为人类丰富文化内涵提供历史依据以及现实的可行性基础。

第二节 基于生态产品价值实现的文化赋能分类

中华文化以博大精深而著称，中国悠久的历史文化又以重视农业文化而闻名天下，对中华民族的影响可谓十分深远。中国传统文化蕴含着乡村特色文化，在农耕历史上逐渐形成了积极向上的价值理念和受益无穷的高尚品行，不仅为发展中国特色社会主义先进文化提供了坚实底蕴，也为建设中华民族命运共同体打下了基础。基于生态产品价值实现与文化赋能的逻辑关系，从形态内涵上讲，文化赋能分为制度文化赋能、哲学文化赋能、伦理文化赋能、遗产文化赋能、产业文化赋能、技艺文化赋能、农事节庆文化赋能、饮食文化赋能、农业品牌文化赋能九大方面。

一 制度文化赋能

制度文化是在农业社会发展中所形成的具有统一、稳定等特点的文化，主要包括土地关系、农村社会组织、家族制度等。其中，土地关系是中国农业制度文化的核心。中国原始社会实行氏族公社土地公有制度；夏商周时期实行的是土地归属国家的井田制；春秋时期，由于耕地工具的升级井田制没落；战国时期，井田制彻底告别历史舞台，公、私土地并存直到辛亥革命。以农业发展为重点的社会中，土地是最基本的生产资料。农民通常以血缘关系建立狭窄的社会关系网，进行小规模的重复性劳动，为了生存而生活。

近几年，根据"绿水青山就是金山银山"的发展理念，浙江省率先贯彻落实"节水优先、空间均衡、系统治理、两手发力"的治水思路，大力推进节水行动，深入实施最严格水资源管理，打出"五水共治""河湖长制"等一系列组合拳，为建设共同富裕示范区提供切实可靠的水资源。

其中，丽水市坚决贯彻"绿水青山就是金山银山"理念，推进"生态立市""绿色兴市"战略，率先研究如何发展生态文明建设，出台有关保护生态的纲领文件。如丽水市9个县（市、区）中，有龙泉、庆元、云和、景宁和遂昌5个被列为国家重点生态功能区，占全市国土面积的60.3%。深入推进"两无"战略，力争生态产业集聚区和开发区以外基本无工业，园区之内基本无非生态工业，并把95.8%的市域区域纳入生态管治区，以重整山河、壮士断腕的决心打好"五水共治""五治齐抓"等生

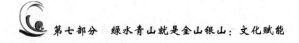

态治理组合拳。深入推进"千村示范、万村整治"工程，连续实施了两轮十万农民易地搬迁规划，从而形成制度文化，成为赋能全面建设绿水青山与共同富裕相得益彰的社会主义现代化重要抓手。

二 哲学文化赋能

中国哲学文化思想主要包括三才（天、地、人）、气论、阴阳、五行和圜道。在天地人宇宙系统中，人居于主导地位，因为天和地、阴和阳处于对立统一的地位，而人追求的是天地人的和谐与统一，可以概括为"天人合一"。元气、阴阳和五行是阐释农业生产系统在时间和空间中有秩序地运动和变化的理论思维的工具。圜道是阐发农业生态系统的主要运作方式，沿着循环往复的环周运行。中国历代劳动人民在几千年的农业生产和生活中，遵循"天人合一"的价值理念，寻求一种人与自然和谐相处之道，把尊重自然、保护自然、按自然规律办事当作一种习惯。

三 伦理文化赋能

以"人对人的依赖关系"为特征，形成了一套以注重相互之间的对等关系为基本内容的"义务型"伦理，通过相互之间的义务将整个社会连为一体。中国的伦理观主要包括以义生利、贵义轻利、生财有道、勤劳敬业、重本抑末、仁义礼智信等，这些理论观念一般兼具积极意义和消极意义，但总体上积极意义大于消极意义，起着规范社会关系的作用。虽然社会历经动乱，但比较完善的伦理规范可以有效缓和社会运行中的矛盾，让社会保持相对稳定的状态。这种稳定与统一的状态，能为国家发展经济、文化创造条件。

比如，中国仙都祭祀轩辕黄帝大典有助于中华民族优秀传统文化的传承与弘扬。2004年1月8日，时任浙江省委书记习近平来缙云仙都考察，对黄帝文化给予了高度评价。中华民族博大精深的文化以黄帝文化为代表，它同样也是浙江省的重要文化标志。全国唯一以皇帝名号命名的县城是浙江缙云，被视为"中国南方黄帝文化辐射中心"，这在史学界已经达成共识。浙江缙云是传承中华文脉的重要场所，这一伦理文化可以赋能当地旅游业的发展，进而赋能当地经济社会发展。

四 遗产文化赋能

农业遗产是人类对农业生活和农业活动经过时间洗礼遗传下来的记忆表达，有助于人们理解过去与现在、自然与人类、不同文化之间的联系，继而能够更好地指导农业生产活动并加强对生态环境的保护。中国农业遗产十分丰富，不论是平常的谷物和织物，还是独具特色的创造物，处处反映了中国农业文化的深厚底蕴。其中，又以令人叹为观止的农业景观、建筑物、生产场所、生产方式、生产工具、农业器具等遗产为代表。此类文化遗产同样涵盖巧妙的农耕方法和结构复杂的农业景观。

例如，庆元县的香菇文化即为优秀的文化遗产，也需要得到传承与发扬：香菇山歌、香菇功夫均为文化遗产。庆元县积极举办香菇始祖吴三公纪念活动和庆元县香菇文化节。中国、日本、韩国三国食用菌行业会长以及相关研究者亲临庆元县，为食用菌文化搭建交流平台，促进国际食用菌产业及文化交流，逐步打造出以三公祭祀祈福地、香菇文化论坛、古廊桥等为特色景点的香菇文化之旅。2020 年，相关遗产地的森林景区总计接待观光游客 14.84 万人次，创收 3891.44 万元。庆元县多形式、多角度开展农业文化遗产宣传活动，进一步扩大了香菇文化的影响力。

五 产业文化赋能

产业文化伴随产业的兴盛而繁荣。中国广阔的地域、悠久的历史、丰富的生态环境，形成各式各样的作物资源和独具特点的农业产业文化，例如稻作文化、茶文化、竹文化、菊文化、杨梅文化、丝绸文化、游牧文化，等等。其中，丝绸文化作为中国杰出文化的代表，与四大发明一样对中国乃至世界文明的发展产生了重要的影响，对推动整个人类文明的进程有着不可磨灭的影响。作物原本没有内涵，但在长期的产业文化发展中，逐渐成为特殊人文情感的符号与象征。例如，竹子代表"谦逊克己、忠贞不屈、浩然节气"的品德，梅花和菊花则代表"迎风傲雪、赤子情怀"的人格精神，莲花和荷花更是被赋予了"洁身自爱、独善其身"的君子品德，桃李也被看作欣欣向荣、幸福美满、福泰安康的象征。

结合地域情况，丽水龙泉的"青瓷文化"、庆元的"香菇文化"、青田的"石雕文化"、松阳的"茶文化"、云和的"梯田文化"等产业文化均能拉动当地经济增长，促进人民增加收入，从而实现共同富裕。

六 技艺文化赋能

中国在历史长河中以农业大国为特点，与农业相关的科技和园艺经过上千年的洗礼，在世界范围内占有一席之地。在农业科研方面，主要表现为农业作物品种的开发和动物的驯化以及水利设施的修建，实现了对农业自然生产条件的改造，进而促进了种植业的规模化发展和畜牧业的规划化发展。在具体的农业园艺技术层面，包含以循环利用为特点的有机农业，以经营方式多样化为特点的综合农业，以农牧结合、借地养地为特点的精耕农业。利用以上传统农业园艺技术，可充分发挥中国多种农业资源的作用，使得国家农业实现可持续发展，并满足农民的基本生存需求。同时，中国的农业生产工具和生产方式也得到了较大的发展，包括传统牛拉犁、水推磨、石舂米、家织布、播种工具等设备与技术等。具体而言，它包括浙江青田"稻鱼共生系统"、江西万年"稻作文化系统"，等等。这类独具特色的农业文化反作用于农业经济，促进生态循环得以实现。

七 农事节庆文化赋能

岁时节令是中国古人在长期的农事活动中总结出的生产规律，农事节庆活动便是在此基础上发展而成的。农村有很多节日，都与农业本身紧密相关。中国古代的封建王朝均以农业为根本。为了保障农业劳动的稳定性，古人制定了适合农业生产发展的特殊岁时节日。如明朝的《大统历》标注了二十四节气，通俗地给出气温变化、雨量多寡的判断特征，意在告知民众适合耕地农作的时间。许多至今仍广为流传的农谚，正是历代农民根据气象观测和耕作经验的总结。它们作为一种特殊的文化指令，千百年来指导着人们的农事生产活动。古代祭神、祈雨、庆丰收等活动，成为最早约定俗成的农事节日，并与日月天象变化相结合，形成春节、三月三、清明节、中秋节、重阳节等民俗节日。近几年，休闲旅游业发展迅猛，推动了以农业为特色的节日庆祝文化活动，如采摘农产品、民间杂耍艺术、农家特制烹调等活动。

八　饮食文化赋能

中国饮食文化可谓源远流长。中国有近万年的农业历史，中华饮食文化随着农业的发展进步而渐趋丰富多样，在全球饮食文化中独占鳌头，形成鲁、川、粤、闽、苏、浙、湘、徽八大菜系，并伴随这些菜系形成了炒、爆、蒸、煎、炸、煮、焖、炖、烤、腌、卤、熏、汆、烩、溜、烫、焗、涮等多种制作方法，以及酸、甜、苦、辣、咸五种基本调味味道。中国不仅有独特的饮食文化，久而久之又进一步诞生了饮食伦理文化。《论语·乡党》中记载："食不厌精，脍不厌细。食饐而餲，鱼馁而肉败，不食；色恶，不食；臭恶，不食；失饪，不食；不时，不食；割不正，不食；不得其酱，不食；肉虽多，不使胜食气。惟酒无量，不及乱。沽酒市脯，不食。不撤姜食，不多食。"这些饮食文化不但对人们的身体健康和社会和谐发展发挥了重要的作用，而且在赋能当地经济社会发展方面也功不可没。比如，缙云烧饼以面粉、鲜猪肉和霉干菜为主要原料制成饼坯，经烧饼桶炭火烘烤制成，是浙江省丽水市缙云县的一种传统小吃，属于浙菜系，据说已有650余年的历史。

九　农业品牌文化赋能

农业的发展与气候、水土等自然条件密切相关，同时也与人们的多样性消费需求密切相关，由此带动了地方性名特优产品文化的发展。一方面，根据气候、水土等自然条件差异而产生地方性名特优农产品，具有地域属性；另一方面，根据人们的不同消费需求而产生的地方性名特优农产品主要与产品的质量和制作工艺相关。在封建社会，农产品消费出现阶级差别，不同质量等级的农产品便进入相应的特权阶层，其中最为名贵的地方产品进入宫廷，被命名为"贡品"。如今，"贡品"这一带有强烈封建文

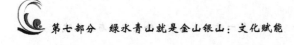
化概念的农产品已经消失，但随着消费需求的多样化发展，农产品质量出现差异化。例如，当前中国农产品质量出现两种划分方式：一种按消费层次划分，包括大众商品、高档品、精品、奢侈品、极品；另一种以质量差异为标准来划分，包含一般商品、无公害农产品、绿色食品和有机食品等。此外，还可根据农产品价值将农产品区域和地理标志作为品牌特色。

比如缙云烧饼，缙云县将培训烧饼师傅、塑造品牌形象，作为低收入农户增收的新引擎、农民创富的好产业，令烧饼店在县城内外遍地开花。2014年，成立了"缙云烧饼"品牌建设领导小组，并在县农办增设品牌建设领导小组办公室，把曾经的路边摊朝着品牌化、标准化、特色化的方向推进。当前，缙云烧饼已成为较为知名的品牌。

文化赋能的理论基础与价值维度

第一节 价值论、系统论和民生论

一 价值论

具有生态设计并认证的生态产品同样包含经济价值。随着买卖双方规模的扩大，经济价值日益渐增。生态产品除了经济价值之外，还包含宗教价值、教育价值，等等，是一种复合价值。这种价值体现了人和自然环境应当以融合互补关系存在，用以实现可持续发展，而非此消彼长关系。这种价值观还反映出人类在日常生活中应当注意保护生态环境，从大自然中获得恩惠的同时也需要向其反哺，实现共同发展。人类工业革命之后，其应运而生的价值观着重于对短时间可获得成果的诉求，缺乏长远的发展眼光以及大局观思维，极易破坏生态环境。互利互惠的价值观的前提是人类生存与发展要与自然和谐共生，两者在内涵上具有一致性。自然资源的使用和珍惜可以在一定程度上保持一致。生态价值和经济价值并不总是矛盾的，它们也可以相互协调；从长远来看，生态价值比经济价值更重要，应该是人类的理性诉求。

二 系统论

系统论具有整体特性，如"山水林田湖草沙是生命共同体"。因此，任何系统都是一个完整的有机体，并非简单地组合拼凑，而各个部分在系统内也被赋予了特有的性质。原本单独存在的各部分要素，在系统内各司其位，为保持稳定运行而提供必要的支撑。各部分要素按照一定的逻辑关系，成为完整体中不可或缺的一部分。在同一个生态环境中，要推动发展方式、消费方式、生态人格的辩证统一。对生态产品实现文化赋能是一个浩繁的系统性工程，为凸显生态核心价值，必须将以下三方面内容作为切入口。第一，需要在经济发展过程中彰显生态属性，作为可持续发展的基础。第二，需要扩大消费方式的生态价值，作为引领消费观念转变的契机。第三，赋予消费方式拟人化倾向，通过生态文明、生态文化的传播，促使人类在观念上融入生态圈。总之，生态产品的文化赋能是一个复杂的系统工程，它不是一蹴而就的，需要文化系统中各个要素相互作用、相互协调产生合力。

三 民生论

生态文明建设的内在要求是关注民生问题，良好的生态环境也是人类最基础的民生保障。习近平总书记说道："对人的生存来说，金山银山固然重要，但绿水青山是人民幸福生活的重要内容，是金钱不能代替的。"习近平总书记这番论断明确表达出经济建设要和环境保障一起抓，不能因为经济发展需要而牺牲生态环境。同时，这也表达出人民既是生态文明建设的内在动力，又是外部助力。人民的日常生活和生产活动都需要特定的生态环境作为支撑，若环境破坏过度无异于饮鸩止渴，将彻底失去可持续发展的可能性。在各级政府关注生态问题的几年后，习近平总书记于2016年8月再次说道："多年快速发展积累的生态环境问题已经十分突出，老百姓意见大、怨言多，生态环境破坏和污染不仅影响经济社会可持续发展，而且对人民群众健康的影响已经成为一个突出的民生问题。"

切实解决民生问题要基于良好的生态环境，如果忽视了生存和发展的物质环境基础，那无异于"无根之木、无源之水"。所以，我们要对生产生活资料的基本物质活动给予足够重视，促使人与自然界在物质生产活动中达到和谐状态，既能获得物质生产资料，又不会对生态环境造成恶劣影响。如果索取过度造成环境破坏，那人民的生存和健康都无法得到保障，遑论发展。因此，在党的二十大报告中，习近平总书记明确指出了环境保卫战略的具体思路，要"深入推进环境污染防治，持续深入打好蓝天、碧水、净土保卫战，基本消除重污染天气，基本消除城市黑臭水体，加强土壤污染源头防控，提升环境基础设施建设水平，推进城乡人居环境整治"。可见党和国家基于民生视角对良好生态环境的高度重视。

第二节　新发展理念、"绿水青山就是金山银山"理念和共同富裕思想

一　新发展理念

新发展理念包含创新、协调、绿色、开放、共享五种发展要求。中国一直以马克思主义为指导，新发展理念是其最新成果，其中又以绿色发展作为永恒发展的基础和前提。现如今，绿色发展的精神理念贯穿在社会发展的方方面面，例如以共享单位为代表的共享发展、以国际交流为代表的开放发展、以芯片科技为代表的创新发展，等等。中国进入新时代后对发展提出新要求，既要取得稳步成长，又要保障生态环境。所以，建设美丽中国的前提基础必须坚持绿色发展理念，重视生态产品的附属价值，推动生态文明建设。绿色发展观是"绿水青山就是金山银山"理念的精神实质。

二　"绿水青山就是金山银山"理念

"绿水青山就是金山银山"发展理念来源于习近平总书记提出的"绿水青山就是金山银山"。这种发展理念体现了纯粹与质朴，是新时代生态文明建设思想，也是中国推动高质量绿色发展的基础理论和行动指南；其核心思想是加快高质量绿色发展，倡导以人为核心的经济、生态、社会三大系统之和谐共生；"绿水青山就是金山银山"发展理念巧妙地缓和了经济发展和生态保障之间的潜在矛盾，同时又指明了实现高质量绿色发展的具体路径；借助绿色发展理念促进全人类文明可持续发展，符合人类经济社会发展规律。"绿水青山就是金山银山"理念不仅仅是"绿水青山就是金山银山"一句话，而是金山银山诚可贵，绿水青山价更高，两者皆为人民物，先保绿水再取金。

三 共同富裕思想

人民群众实现物质生活富裕和精神生活富裕是共同富裕的内涵，也是社会主义的根本原则，具体包含共有、共建、共享。在总体发展战略中，共同富裕，是发展性、共享性、可持续性三者的有机统一，并以高质量发展状态的形式呈现。为了实现共同富裕还需要在分配机制上有所调整，形成初次分配、再分配、三次分配三种方法共用和协调发展的机制。从收入分配的角度考察生态产品价值实现，重要方向是推进生态要素理论实现新突破，对内嵌于山水林田湖草沙冰自然生态系统中的生态要素进行独立分析，并将其作为一种新型生产要素纳入生产，参与初次分配。在实践层面，要求充分把握生态产品的公共产品属性，通过自然资源产权确权、统一价值核算体系、健全产品经营与市场交易机制、搭建生态产权交易平台、完善生态补偿等方式实现其价值。要高度重视生态产品的社会价值、生态价值以及文化价值，促进再分配、三次分配过程中的资源倾斜。

第三节 文化赋能的价值维度

随着时间的推移，与"绿水青山就是金山银山"相关的思想和发展理念被越来越多的人民认可。《中共中央关于党的百年奋斗重大成就和历史经验的决议》也再次重申了"绿水青山就是金山银山"发展理念的重要性，并"坚持走生产发展、生活富裕、生态良好的文明发展道路"。这意味着"绿水青山就是金山银山"理念将作为山区的发展的重要理论，而文化赋能作为"绿水青山就是金山银山"理念中重要的现实体现，起到的作用十分重要。其中最主要的作用便是赋能生态产品，提高其整体价值，从而进一步推动经济发展，加强人们的文化归属感，助力早日实现乡村振兴和共同富裕。文化赋能的价值维度大致可归纳为以下四个维度：生态价值维度、经济价值维度、政治价值维度、社会价值维度。

一　生态价值维度

首先，运用文化赋能的手段，提高社会的价值意识，认识到保护环境的重要性，从而形成一种社会共识，发挥制度保障和社会舆论的导向作用，让人们真正参与到保护社会环境的行列当中去。其次，发展好生态产品产业，利用好生态产品自身与生态环境的良性循环性质，使生态产品的生态价值维度得以体现。

二　经济价值维度

在文化中发展新型产业，利用文化赋能的手段进行特色文化的传承与发展，推动旅游、民宿等新型产业，开展公开活动，吸引外来游客和外来资本。运用延长产业链的手段，增加生态产品的种类，增加文化内涵，增加生态产品的经济价值，使其经济价值维度得以体现。

三　政治价值维度

利用文化赋能的方式，制定相关制度，保障生态产业的发展环境，形成统一的政治文化内涵，利用思想的方式引领大众，调动人们的活动积极性和集体优越性，提升群众的精神境界和对应的意识，在丰富群众精神财富的同时，形成自己区域特有的政治价值观念，以此来反馈其生态产品。

四　社会价值维度

发展生态产品产业，形成一系列特色文化，利用文化赋能的手段强化社会的独特性，影响对应地区中的人们，形成区域性的社会文化，能保证社会舆论正确导向的作用，形成良好稳定的社会风气。政治、经济、文化等方面进行有效的协调和发展，相互影响与促进，推动社会发展，进一步推动生态产品产业的发展。

第三章

农业文化赋能的路径分析

第一节 基于农业文化赋能的产品竞争力提升路径

一 创新农业发展观念

农业发展深受社会经济发展与变化的巨大影响。其中，文化对农业发展的渗透越来越深入。农业发展之前围绕产品生产展开，如今还增加了提供服务的功能。因此，要依靠文化的引领作用，不断创新农业发展观念，使农业跟上新的发展需求，才能增强农业的竞争力。如何探索新型农业消费的潜在市场，就要用传统之外的消费观念指导农业生产，扩大农业产品范围。如农业种植、农业景观、农业采收、产品制作等在文化创意下均可以体验农业、观光农业等形式发展，变成服务商品，促进农业的多元化发展。此外，要及时研究消费需求前沿，创新产品结构，创造新的农业竞争力。

二 拓展农业多种功能

传统的农业只为人们提供衣食之源、生存之本，为第二、三产业的发展提供生产要素和物质资料。但是社会经济一直在发展壮大，不可避免地影响农业朝着不同于传统形式的方向发展。这就涉及发掘农业文化的力量，开发农业生产发展尚未涉及的领域并与经济发展相联系，如富有农业元素的旅游观光、风土人情、农家服饰、农村美食、民族习俗等第三产业，用来贴合现代以轻松休闲、多元娱乐为特点的消费观。浙江农业资源丰富，农作物种类较多，农业生产方式多样，农村田园风光旖旎等，把地方性农业农村的文化元素渗入农业发展中，巧妙地加以设计组合，能够促进农业农村的多样化发展。另外，浙江山区较多，可以利用山区独特的自然条件，建立综合性的农业观光园、农业主题公园、农业采摘园、农业体验基地、休闲农庄等，有利于同时拓展农业和农村的多种功能，并在一定程度上使二者的功能相互叠加。

三 打造区域性农业品牌

区域性品牌具有较强的公共产品属性，其内在价值含量可供区域内的生产经营个体共享，而且可以利用区域的影响力和总体特点快速打响品牌。近年来，浙江的实践表明，依托资源优势，因地制宜，坚持走区域农业品牌化发展之路、休闲旅游品牌化发展之路，成为农民增收致富和地区经济发展的关键一着。对于区域性特别突出的优良产品，要申请原产地或者地理标志商标。严格划分产品质量标准，只有达到相关品牌的质量标准才能在区域内经营和使用品牌商标。同时，设定商标使用管理办法，借鉴"安吉"白茶的子母商标管理模式，明确个体子商标的责任义务，在保护中实现区域经济的品牌化发展。

四 大力发展休闲观光农业

当前，休闲观光农业是文化元素与农业发展相结合的新兴产业，成为农业发展的另一重要途径。浙江处于中国经济最发达的长三角腹地，休闲观光农业需求强劲，具有强大的市场空间和区位优势。因此，浙江结合丰富多样的农业文化类型，大力发展休闲观光农业，促进农业转型升级。一是要发展以生态文明为特色的农家文化度假，为农业产品升级转型拓宽渠道，开展具有观光、休闲、学习、参与等功能的旅游活动。二是利用自然资源发展生态旅游，进一步发挥山川水林等自然矿产资源的市场价值，如温泉度假旅游、休闲海景度假、山炊野营度假等，实现因地制宜、就地取材。三是发展采摘观光。浙江盛产柑橘、杨梅、葡萄、水蜜桃、草莓、枇杷、蜜李等多种水果，利用瓜果飘香的农林基地，开展参与性较强的采摘旅游。

五 积极发展创意农业

创意农业由文化创意产业和现代农业产业组合而成。它富有创造力、想象力、艺术感染力，同时具有创意产业和农业的特征与属性。因此，将农业和创意组合的实现路径促进农业活动更为丰富，加入各式各样的创意因素。农业活动的生产方式、产出过程、农业工具等经营活动可以拓展新型服务功能，目的是增加就业岗位和经济效益。具体而言，创意农业需要采用现代化农业科技手段，对农产品进行创意包装，甚至改变其用途功能，使之成为流行的纪念品、工艺品、奢侈品，通过创意赋能获得大量附加价值。其中的一种创意活动形式就是创造新的农业节庆纪念日，将"农业搭台、文化表演、经济唱戏"三种元素有效结合起来，搭建集娱乐体验与产品消费于一身的舞台。此外，还要结合农业发展新形势和新的消费热点，举办新的农业节庆活动，如仙居的"中国杨梅节""庆元香菇节"。

六 提升农业经营主体信誉

现代文明社会将信誉视作立身之本，即诚实守信，重视名誉和声誉，并以此为豪。信誉的获得方式通常是在社会活动中重视遵守约定、信守承诺而被对方口口相传的名声与称赞，是经过长期社会活动的积累逐渐形成的。如今，讲究信誉也成为商业道德的重要规范之一。近年来，中国食品安全事故频发，农业订单合同难以有效执行，在很大程度上阻碍了农业的现代化发展。这些均与农业经营主体不守诚信、不遵守道德规范有关。为减少并杜绝这些行为，减少不守诚信和不遵守道德规范给农业发展带来的危害，浙江省大力提升农业经营主体的信誉。综合来讲，要从正、反两方面引导农业生产经营者建立信誉。一方面，要加强诚信和道德规范的宣传教育力度，引导农业经营者加强生产诚信并建立起正确的道德规范，从而能够遵守食品安全生产条例，并认真履行生产合同；另一方面，要通过法律规章制度等加大对违法违规使用农药、食品添加剂、不卫生生产、出售发霉变质农产品以及不遵守合约生产行为等的惩罚力度，从反面引导农业生产经营者建立生产信誉。

第二节 基于农业文化赋能的生态产品价值实现路径

一 保护各地传统农业文化资源

从国内外已有经验看，要想实现对农业文化遗产的有效保护，就必须从深入调查开始，梳理各地传统农业文化资源，为保护和传承做好基础性工作。

可分三步走：第一步，全方位、多层次开展有关农业文化资源的资料收集工作，并进行归纳和整理；第二步，在普查工作的基础上提炼出本地区的优秀文化遗产，制订出农业文化的分级和分类保护计划；第三步，从既定文化遗产中选出足以代表本地域文化性格的地域标志性文化，制定相关的保护政策和措施，并加以产业性开发与利用。

二 完善农业文化生态保护区

农业文化的主要特征表现为生活和生产方式，这也是区别于其他文化的不同特点，它是以农民生存为需要的耕作机制。因此，在农业地区对农业文化实施动态保护是重中之重。在保护区内对传统的农耕方式、乡村景观、民间习俗在一定范围内实施政府保护，它不仅强调区域内的实物遗存，更是维持自然和人文资源的健康生态环境，借此开展农业文化动态保护行动。例如，建立野生农作物的自然生长区、设置含有历史文化意义的耕作模式保护区，等等。

三 建立农业文化综合博物馆

目前，虽然省内一些综合博物馆、休闲农业园区以及乡村农业文化馆等对农业文化器具器物等有所收集和展示，但较为零星分散，有的商业化色彩浓重，传统农业文化韵味淡薄，还没有上升到一种文化遗产保护的高度。因此，浙江应尽快建立农业文化综合博物馆，在全省范围内对不同区域的农具、农器、农谚、农趣、农节等进行收集、保护和展示，将非物质文化遗产以文字、图片或数字化的形式加以保存和展示。同时，在综合博

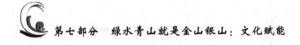

物馆内建立青少年教育培育基地、农事体验基地、农产品制作中心等，把农业文化综合博物馆建成农业文化传承与发展的重要平台。

四　积极申报文化遗产保护

在文化筛查的基础上，针对省内一些具有突出价值、有充足法律依据、历史比较久远且现状保护较好的农业文化遗产，向省市申请非物质文化遗产以及相关保护工作，并针对其中比较突出的文化遗产，在适当的条件下，申请国家甚至世界文化遗产保护。通过正规的文化保护规范，浙江省的优秀农业文化得以保护和传承。

五　制定"文化强农"工程规划

实施"文化强农"工程的首要工作是制定"文化强农"工程规划，包括工程的指导思想、实施方向、奋斗目标、战略重点、政策保障、组织管理等多个方面。同时，把"文化强农"工程规划纳入地方农业总体发展规划中，使之与其他规划充分衔接、融合。结合美丽乡村建设，在全省实施"文化强农"工程，从财税、融资、人才、土地等方面提供政策支持。此外，为保障"文化强农"工程实施效果，要把该工程的实施纳入地方政府干部考核中，用考核这根"指挥棒"指导基层积极主动实施"文化强农"工程。

第三节　从农业文化到生态文明：基于丽水经验

绿水青山是原生态的自然资源，不经过人为加工改造，则不可能自发地变成金山银山。它一定要经过一个中介，经过一个桥梁，那就是要发展生态经济，最后使得当地的百姓获益致富。那么，到了这个时候，我们得出了一个总结论，那就是"金山银山"。这个"就是"的结论，内在地包含了通过发展生态经济，从而使得生态产品的价值得以成功转换的中间过程。

一　践行发展理念

"绿水青山就是金山银山"发展理念，以人与自然和谐发展为特色。丽水市根据中央精神，坚定执行以高质量绿色发展为第一要义的发展模式，将生态环境保障、高质量发展、绿色发展三者合而为一，在保护生态环境的基础上实现社会经济稳步发展。发展与高消耗、高破坏脱钩，"金饭碗"不能变成"泥饭碗"；发展与循环经济、低碳经济挂钩，围绕资源节约、循环发展培植新的经济增长点。"不考核GDP，不考核工业增加值"，十年间，开展司法护航，为更好地保护最美生态，丽水市通过生态修复、生态惩戒、生态教育、生态宣传等措施坚定不移地走绿色生态发展之路，坚守生态底线始终是丽水一切工作的基本前提。

二　探索生态"金名片"

以生态产品价值实现国家级试点示范为主抓手，在全国率先制定实施生态文明建设纲要，高标准打好"蓝天、碧水、净土、清废"四大治理攻坚战，全力创建丽水国家公园，打造诗画浙江大花园最美核心区，营造碧水蓝天、清风绿林的生态环境。以龙泉的做法为例：（1）优化空间布局"护"生态。如大花园标准制定者实践地示范区，220公里百山祖国家公园公路环线、600公里"一带三区"市域普通国道公路环线，一条条美丽经济交通走廊镶嵌于绿水青山之间，与山水田园、城镇乡村和谐共生，形成了一道道"车在景中行，人在画中游"的亮丽风景线。（2）创建国家公园"优"生态。百山祖国家公园设立标准试验区（GEP旗帜性典范），全面建设富含新发展理念的"美丽载体"，包括美丽乡村、美丽田园、美丽河湖、美丽城市，等等。（3）升级美丽城乡"活"生态。大搬快聚富民安居，打造现代版"丽水山居图"，如以古剑青瓷闻名的龙泉、以石雕篆刻为特色的青田、以上古黄帝文化发祥地的缙云等别具匠心的特色主题大花园。

三　探索GDP/GEP

探索GDP/GEP双核算、双考核，将生态价值算出来、转出去、管起来，形成可复制、可推广、可循环、可持续经验。以"生态产品、核算、指标"系统化、制度化、规范化探索生态产品价值实现机制，构建价值传递、人与自然物质变换和能量流动的闭环：生态资源、资产、资本、产品。如生态资产山水林田湖草本底调查和资产确权，构建 GEP 核算国家标准，被中办、国办《关于建立健全生态产品价值实现机制的意见》直接采纳。从产品直供到模式创供，包括标准创设、功能拓展、路径拓宽、机制创新等。

四 打造高端产业

2022 年，丽水迎来首个百亿级重大制造业项目——东旭高端光电半导体材料项目。至此，丽水经开区已先后引进中欣晶圆、晶睿电子、江丰电子等 22 家相关企业，"半导体全链条"产业成为丽水五大支柱产业，变不可能为可能。芯片是环境敏感型的，小小芯片的背后是丽水以创新引领生态工业平台二次创业、打造"万亩千亿"高能级产业战略平台的行动。以高质量绿色发展理念为切入口，丽水市密切关注国家集成电路产业新风口，抢抓新兴产业风口，更考虑到亩均效益高、运输成本低、环境友好型的产业特点与自身条件的适配性，而企业看重的则是丽水优质的生态、优惠的政策和优越的营商环境。

五 造就丽水气质

"山是江浙之巅，水是闽浙之源"，"秀山丽水、诗画田园、养生福地、长寿之乡"的丽水气质已经初见成效。丽水气质，用十年时间成就了《绿野仙踪到绿富美》。绿：生态是丽水的最大发展优势，丽水市是中国"绿水青山就是金山银山"理念的萌发地和先行实践地，已完成生态产品价值实现机制国家级试点任务，目前正由先行试点向先验示范推进；富：丽水主要经济指标实现倍增，尤其是农村居民收入连续 13 年增幅全省排名第一；美：丽水美丽环境带来美丽经济美好生活，"一带三区"建设，城乡环境美丽宜居。来莲都，您可以漫步在长巷幽深、画乡墨痕的古堰画乡；来庆元，您可以呼吸负氧离子含量高达 20 多万个/立方厘米的清新空气；

来龙泉，您可以穿越千年"不灭窑火"，体验龙泉青瓷传统龙窑烧制技艺；来青田，您可以欣赏美轮美奂的印石之祖——青田石雕；来松阳，您可以漫步在有着1800年历史的县城古街，感受历史的厚重；来遂昌，您可以探秘千年前的神秘金窟——遂昌金矿；来缙云，您可以走访有着山水神秀的仙都；来云和，您可以走一走中国最美梯田——云和梯田；来景宁，您可以沉醉千年山哈情，唱山歌、学畲语、织彩带……

第四节　生态产品文化价值：旅游价值量核算与转化

丽水市在全域旅游体系中仍然存在旅游文化生态产品价值不清、产品链接较弱、机制流转不畅、权责利不清、域外品牌不力等困境，旅游生态产品价值亟须拓宽转化通道。中国（丽水）两山学院旅游价值量核算与转化团队联合丽水市旅发委广泛开展旅游文化生态资源价值量评估与转化路径研究，取得如下主要成果。

一是构建旅游生态产品价值核算体系，自上而下遵循顶层设计，如罗列与旅游文化密切相关的生态产品。结合国家核算标准，构建了包括旅游文化生态产品，如旅游休憩、美学体验、精神宗教、地方感受、灵感启发、教育知识、文化遗产等具有社会价值的旅游文化生态价值核算体系，探索了文化服务的量化评估，构建了相对完善的评估体系，具有一定的理论价值与现实意义。

二是完成典型景区的旅游文化生态产品价值核算，分类评估旅游文化生态产品价值开发模式。以古堰画乡为典型样本，总结丽水旅游文化生态产品价值实现转化路径。例如，农民发掘现有资源的其他价值，开发农家民宿、娱乐农业、休闲美食、传统小吃等农家产业；同时，利用自媒体拓宽销售渠道，增加线上实拍特色，降低运营成本，增加收入。打造工商资本社会参与、产业融合的新模式，为盘活山区26县的旅游文化生态产品价值实现跨越式、高质量发展提供丽水实践。

三是建立旅游文化生态产品价值转化标准，设置产品分类、转化效率、转化模式等指标，为长期实行绿色发展提供实地数据。丽水在全国率

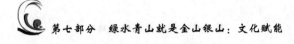

先开展了"扶贫改革""农村金改""林权改革""河权到户"等机制创新，打造了"农村电商""稻鱼共生""丽水山景""丽水山居"等引领发展模式，成为实现"绿水青山就是金山银山"转化的"排头兵"。同时，结合旅游文化生态产品价值评估与分类转化对策，依托本土"古村复兴""拯救老屋""古树名木""丽水山耕"众多名片，进一步创新旅游文化生态产品价值转化路径，广泛实施"红""绿""彩"融合发展旅游模式。

基于文化赋能的生态产品价值实现丽水样本

第一节 云和：梯田文化

生态孕育好山水，青山绿水可生金。被誉为"中国最美梯田"的云和梯田自全面启动"创5A"以来，不断迸发出富民生金的绿色发展活力。2020年，梯田景区接待游客100多万人次，综合营业收入2916.7万元，同比增长10.8%；梯田景区周边新增农家乐民宿430余家，户均年营业额超20万元；新增餐饮服务业企业220余家，直接带动创业就业3000余人；梯田农特产品年销售额超过3000万元；景区周边农民收入年均增长15%以上，突破3万元。云和梯田的发展仅仅是云和实践"绿水青山就是金山银山"理念的一个部分。2001年，云和立足山多地少、村多人少、县小而城相对较大的实际，在全国率先提出并实施"小县大城"发展战略。20多年来，云和始终把生态作为发展的最大潜力和后发优势，以坚定不移的信念，深入践行"绿水青山就是金山银山"理念，逐步舍弃用环境换取经济价值的发展老路，取而代之的是以保护生态环境为第一要义的绿色高质量发展道路，合理缩小对生态环境的影响，多渠道、多形式发掘生态产品潜在的各种价值，推动云和成为跨越式高质量发展的先进事例，发扬当地特色文化，推广绿色生产模式，同时也为实现共同富裕助力。

一 云和梯田

近年来，云和坚持"生态优先，人与自然和谐共生"的发展理念，成

功打响了中国最美梯田"金名片"。2019 年，云和梯田被评为国家级湿地公园（人工湿地）。2020 年，云和梯田景区顺利通过文旅部景观质量评审，成为改革开放以来全省取得 5A 级景区创建"入场券"的第 22 家景区。在旅游业中进行文化赋能，可展现出属于梯田本身所特有的梯田文化，同时发展民宿和对应的饮食业，通过开展云和开犁节等吸引外资与游客，推动经济发展的同时也让外人感受到梯田的文化。通过文化赋能的手段，人民群众了解到梯田存在的重要性。在梯田之上进行耕作的同时，会考虑环境保护的因素，实行更为合理的耕作制度。为了让大众都尽可能地参与到保护环境的行伍当中，可借助多种宣传方法让人们意识到在发展的同时也应该保护梯田土壤。同时，云和梯田本身所能产生的农副产品也在一定程度上保护梯田环境，形成生态产品自身与生态环境的良性循环机制，使得生态产品的生态价值维度得以更好体现。

二 梯田公社

云和梯田公社是当地部分村民和景区工作人员自发组成的，在小范围内养殖对稻田有利的家禽、牲畜等，形成独特的社区文化。通过这种文化赋能的方式，村民通过动物粪便的堆肥和对稻鸭共生方式的模仿，在保护梯田土质的同时，增加农副产品的种类，推动当地社会的发展。形成公社化的小型社会，通过文化赋能的手段加强独特性，公社更容易升华当前的梯田文化和形成新的文化，保证公社的未来发展方向是正确的，所形成的良好和谐的公社氛围能够促进政治、经济、文化等协调发展。

三　梯田木制玩具

在梯田景区所售卖的木制玩具大部分会受到梯田文化的影响，得到文化赋能的帮助。对应的木玩的出现延长了产业链，并在一定程度上增加了生态产品种类，通过增加文化内涵的方式提高产品附加的经济价值，生态产品的经济价值得以更好的体现。

四　稻草草和积木木

稻草草和积木木作为云和梯田所培养的吉祥物，所代表的是乡村中所独有的梯田文化和城市中的木玩文化的相互交融发展的云和地方特色文创产品，吉祥物诞生的过程就是文化赋能的体现，而通过吉祥物所产生的一系列纪念产品和正在建设的特色酒店，都是吉祥物所带来的附加的生态产品，意在推动经济发展，实现经济价值。

总之，在文化赋能之下，制定相关的有利于梯田保护和发展的政策，在提供资金帮助的同时也出面与村民交流，让村民了解到"绿水青山就是金山银山"理念，形成统一的政治文化内涵，调动村民的活动积极性和集体优越性，提高梯田在村民心中的地位，提升群众的精神境界及其意识，丰富群众的精神财富，形成云和梯田独有的政治价值观念，以此反馈于生态产品。

第二节　龙泉：水文化

一　优化"水生态"，谱写"水经注"

自"五水共治"以来，龙泉创成省级"美丽河湖"6条，深入开展"碧水行动"，实施流域综合治理生态修复工程，携手景宁、云和建立丽水瓯江流域生态环保联动联防体系，打造出瓯江"一江清水向东流"。近日，

龙泉水资源品牌"瓯江源"商标成功注册，目前已成功注册"绿水龙泉"等4个饮用水类别商标。2023年3月25日，"丽水山泉"青坑底水厂正式投产，每小时产能3.6万瓶，达到国内一流企业生产水平。

二 激活"水资源"，做靓"水之城"

为打造水工程与水文化相融合的水岸线经济，近年来，龙泉上茶街、云水街、瓯江一号码头等以水为载体的文化商业街区如雨后春笋般涌现。2022年以来，上茶街旅游人数已达3.79万人次，营业收入300余万元。同时，龙泉以110余公里长的美丽河湖为纽带，沿溪打造出特色堰坝、临水驿站、滨水绿道，串联古镇、古堰、古渡等人文历史与生态美景，开发仙宫垂钓、夜游瓯江、竹垟泼水节等水旅项目，实现美好生态向美丽业态转变。

三 厚育"水产业"，做大"水经济"

为推行"水资源+高山养殖"发展模式，通过"公司+村+基地+农户"规模化、标准化建设，对方共同运营道太乡双平村石斑鱼养殖基地。项目建成后，该公司将养殖水池对外出租，当地农户按使用数量向公司租用养殖池，购买石斑鱼种苗进行养殖，大幅度减少了农户养殖成本，降低了投资风险，提升了水产品品质，推动村民实现共同富裕。

生态文化赋能做亮龙泉"水文章"。该市目前已建立水产业链招商项目库，积极谋划推进宝溪水文化园等 20 多个水项目，优化了"水生态"，盘活了"水资源"，厚育了"水产业"模式，培育出稻田养鱼、石蛙、娃娃鱼等水产业。龙泉市两次获评浙江省"大禹鼎"银鼎，成功招引落地"丽水山泉"青坑底矿泉水项目，年产值达 1.6 亿元……近年来，龙泉市"以水为名、因水而兴"，立足优质水资源禀赋，构建"水生态、水资源、水产业"三位一体发展模式，不断拓宽"绿水青山就是金山银山"的转化新路径。

第三节　松阳：茶文化

　　松阳茶，历史悠久，大有来头。松阳拥有 1800 多年建县史，松阳的"茶龄"和"县龄"相差无几。据史料记载，松阳种植茶叶、出产茶叶始于三国时期。到了唐代，道教天师叶法善所制松阳茶叶，"竹叶形，深绿色，茶水色清，味醇"，被称为"卯山仙茶"，迈进皇家殿堂。"松翠掩山寺，溪深山路幽。烹茗绿烟袅，不得更迟留。"这是唐代诗人戴叔伦游松阳时留下的千古咏叹。走进松阳各地的名山名寺，经常可以看见随着茶文化应运而生的首首茶诗、款款茶联。松阳拥有生态茶园 15.3 万亩，全产业链产值突破 130 亿元，是"百里乡村百里茶"的茶产业示范区，全国茶业发展"十强县"。人间至味是香茶，松阳香茶在全国业界盛名远扬。推进生态绿色种植，推动文旅融合创新，促进全产业链茶发展，擦亮香茶区域品牌……松阳香茶产业发展有很多创新之举、成功之处。

一　茶文化与文旅融合

　　松阳还推出了"茶 + 古村落旅游"，将茶文化与古村落文化有机融合，目前已打造 8 条茶主题旅游线路。同时，推动"茶空间"建设，实现"卖茶"与"卖文化"深度融合。2021 年，就建成茶馆、茶吧、茶家乐、茶主题餐厅等 20 余家，经营性收入超过 2000 万元；位于新兴镇的大木山茶园，是松阳茶文旅融合发展的典范。骑行其中，茶园连绵、青翠欲滴、茶

香四溢。2015 年，被评为国家 4A 级旅游景区，成为国内首个将自行车骑行运动与茶园观光休闲融合的旅游景区，实现了第一、二、三产业联动发展。

二 茶文化与文体活动融合

举办全国摄影大赛、茶乡行主题茶旅活动、全民饮茶日、全省自行车公开赛、田园松阳国际马拉松赛等一系列文体活动，松阳不断丰富茶文化；"卯山泉水清，横山景色佳。浙南山水育芳华，松阳自古产名茶……"2013 年，创作了《松阳茶》歌曲。2021 年，新创《松阳茶歌》《茶颂》《松阳有香茶》《茶韵飘香》等茶歌、茶舞 10 余项，出版《松阳茶韵》《银猴飘香》《秘境里的茶故事》等图书 20 余部；在松阳茶叶博物馆，1000 平方米的展览馆设置了茶史、茶道、茶俗、茶业和茶旅 5 个展区，将松阳的茶歌、茶舞、茶灯、茶俗等茶文化形象和现代"六茶共舞"生动融合，将参观者带入松阳茶文化的历史之中，感受当代松阳茶产业的辉煌。

三 茶文化与特色融合

杭州灵隐寺与松阳崇觉寺推出的特色茶——"崇觉罗汉茶"，以金汤蜜韵、花香果味流传至今，2021 年在丽水市首届禅（道）茶评比中获最具文化底蕴奖和最佳茶韵奖。

近年来，松阳将茶文化与耕读文化、养生文化、道教文化融合发展，开展茶文化街区建设，让茶元素融入松阳的大街小巷。松阳的传统茶文化，在传承中创新，不断丰富内涵，推动了茶产业融合发展。

第四节　庆元：香菇文化

"路弯弯，山连山，百山祖下是菇乡，龙岩香菇是之祖……"浙江西南地区有一座山水环绕、风景秀丽的小城，小城里不仅有美景，还有山珍。这便是享有"香菇开史之地""中国香菇城"美誉的浙江省丽水市庆元县。庆元县是一座历史悠久的山区小县，位于浙闽两省边界，山水环抱，群峰绵延，森林覆盖率为86%，地理环境优越，被誉为"中国生态环境第一县"。

一　形成"香菇文化系统化"

香菇也被称作香蕈，被誉为"山珍之冠"，这种食用菌的发源地一般被认为是丽水庆元。由于此地气候适宜，森林茂密，所以非常适合菇类生长。庆元种植香菇的历史源远流长，800多年前，庆元乡贤吴三公所发明的人工栽培香菇技术问世，庆元农民就以种菇为生，形成了香菇栽培、菇民戏、菇民语言和香菇功夫等中国重要农业文化遗产"浙江庆元香菇文化系统"。

二 举办庆元香菇文化节

为了促进香菇文化的传承和发扬，提高庆元香菇的知名度，庆元县自1992 年开始举办庆元香菇文化节，至今已举办十届。庆元香菇文化节主打"文化牌"，讲述庆元的"菇源文化"、生态文化等。此外，每年农历七月十六至十九举办的菇神庙会是外出种菇的庆元、龙泉和景宁三县菇民回乡过节还愿的重大祭祀节日，体现了香菇文化的兴盛。

三 提升庆元香菇品牌价值

"庆元香菇"先后获得浙江省十大名菇、浙江省名牌农产品、中国驰名商标等称号，在所有食用菌类公用品牌中居于首位，连续 7 年蝉联中国食用菌第一品牌。自 2002 年"庆元香菇"获得原产地域产品保护后，又获批了"地理标志证明商标"和"农产品地理标志"，成为庆元首个集齐"地理标志产品、地理标志证明商标、农产品地理标志"的"三地标"产品。2017 年，"庆元香菇"的品牌价值已达到 49.26 亿元，实现多年连续增长，并于 2020 年被纳入首批中欧互认互保名单。"庆元香菇"在文脉、环境、品质、技艺、匠心等方面均具有丰富的品牌价值资源，体现了生态文明建设以及生态环境保护的益处。

第五节 青田：石文化

青田以石雕闻名，独具地方传统美术特色。青田石是中国四大名石之一，青田石雕至今已有 1700 多年的历史。这些坚硬的石头不知在地球上存在了多少年，对于石雕艺术家来说，它们是会表达的生命，也是国家级非物质文化遗产。

一 青田石雕历史悠久

青田石雕源于距今五千年的"菘泽文化"，其流派特点是奔放豪气、

精雕细琢、形神兼具、巧夺天工，素有"天下第一雕"之美誉，在中国工艺美术发展史和海内外文化交流史上留下了浓墨重彩的光辉篇章，并入选首批国家级非物质文化遗产名录。目前，青田县石雕生产经营单位有1120家，从业人员2万多人。2021年，全县石雕销售额近14亿元，出口额476万美元，呈现出较强的产业发展韧性。青田石中孕育的"三石"精神——投石问路的开创精神、点石成金的工匠精神、金石之交的契约精神——成为激励一代代青田人大气开放、创业天下的精神火炬。

二 深化建设石文化之都

在长期的历史发展中，青田石雕工序、技艺日趋完善，自成一格，其应用材料不再拘泥于青田本地的叶蜡石，而是扩展到质地类似的寿山石、昌化石、巴林石、老挝石等其他石种。近年来，青田县已建设成集石雕展示、石雕生产、石雕体验、石雕旅游商贸为一体的综合性集聚区。青田政府陆续发布了《关于全面促进青田石雕文化产业发展的若干意见》《关于振兴青田石文化产业发展的若干意见》《青田县石文化产业发展五年行动计划》等扶持政策，编制完成《石文化产业发展规划》，明确打造"三点一线"的空间布局，以瓯南街道、油竹街道、山口镇为支撑点，打造十公里石文化产业带，不断深化中国石文化之都的建设。

三　优化石雕人才队伍

近几年，青田采取不断引进、培养、优化等措施，形成了多层次、多梯队的青田石雕人才队伍。时至今日，青田有 3000 多位职业石雕创作人员，中国工艺美术大师 10 人，省市级工艺美术大师 120 余位，国家级非遗传承人 3 人，省级非遗传承人 5 人。在继承老一辈优良传统的同时，青田人紧随时代、开拓创新，焕发出崭新的生命力，为工艺的传承、行业的发展做出了卓越的贡献。

四　打造百亿石雕产业集群

青田石雕相关产业以石雕展览为主，衍生出相应的文化旅游产业，位于侨乡青田核心区的旅游景区在 2009 年荣升国家 AAAA 级。景区由青田石雕博物馆、中国石雕城、千丝岩石文化公园等景点构成。青田石雕博物馆以展厅的形式把青田石雕 6000 的历史、170 多种原石与历代艺术家所创作的传世石雕精品进行全方位的展示，是中国唯一的石雕文化主题博物馆。中国石雕城集原创与商铺于一体，既是中国规模最大的专业石雕市场，又是观赏石雕工艺创作流程的圣地，是直接参与并体会青田石雕的平台。千丝岩石文化公园是自然与文化相结合的中国第一个石文化主题公园，依托石文化母地而延伸石与印的文化。

青田石雕产业在全县经济和社会发展中发挥了重要作用。按照丽水市第五次党代会提出的培育"百亿石雕产业集群"战略部署，青田县委、县政府全力推进石雕产业融合发展，先后投资建设了石雕文旅综合体、青田石雕小镇、石文化产业共富园等重点工程，按照"五个多元化"的发展思路，全方位激发行业活力，推动青田石雕产业又好又快发展。

小　结

习近平总书记在党的二十大报告中强调："必须牢固树立和践行绿水青山就是金山银山的理念，站在人与自然和谐共生的高度谋划发展。""我们要推进美丽中国建设，坚持山水林田湖草沙一体化"，要"繁荣发展文化事业和文化产业"。本部分基于文化赋能的视角来论述绿水青山就是金山银山，分别解释了文化赋能的深层次含义、多样化分类、理论基础、机制维度、实践路径，并基于文化赋能的生态产品价值实现提供了丽水样本，如云和的梯田文化、龙泉的水文化、松阳的茶文化、庆元的香菇文化、青田的石文化。

参考文献

一 中文文献

（一）著作

习近平：《决胜全面建成小康社会 夺取新时代中国特色社会主义伟大胜利——在中国共产党第十九次全国代表大会上的报告》，人民出版社2017年版。

中共中央文献研究室：《习近平关于社会主义生态文明建设论述摘编》，中央文献出版社2017年版。

中共中央宣传部：《习近平新时代中国特色社会主义思想学习纲要》，人民出版社2019年版。

樊美筠等：《柯布与中国：直观柯布后现代生态文明思想》，中央编译出版社2022年版。

［英］霍尔姆斯·罗尔斯顿：《环境伦理学——大自然的价值以及人对大自然的义务》，杨通进译，中国社会科学出版社2000年版。

李文华、欧阳志云、赵景柱：《生态系统服务功能研究》，气象出版社2002年版。

吕鸿、刘克勤、吴积雷：《处州文化与地方文献》，浙江大学出版社2010年版。

欧阳志云等：《中国生态系统格局、质量、服务与演变》，科学出版社2017年版。

申文金：《发挥标准化建设在国土资源治理中的重要作用》，中国标准化协会，2016 年。

王立胜等：《新发展理念》，中共中央党校出版社 2021 年版。

赵阳楠、熊永红：《实施标准化 + 生态文明　争当生态文明建设排头兵》，中国标准化协会，2016 年。

（二）论文

习近平：《推动我国生态文明建设迈上新台阶》，《求是》2019 年第 3 期。

必泽锋、曾刚、周灿等：《长三角城市群生态文明建设问题及潜力研究——基于 5 大城市群的比较》，《长江流域资源与环境》2018 年第 3 期。

蔡文博、徐卫华、杨宁等：《生态文明高质量发展标准体系问题及实施路径》，《中国工程科学》2021 年第 3 期。

陈昌盛、杨光普：《以提升全要素生产率为重点培育中国经济增长新动能》，《中国经济时报》2019 年 9 月 18 日第 A5 版。

陈辞：《生态产品的供给机制与制度创新研究》，《生态经济》2014 年第 8 期。

陈金木、王俊杰：《我国水权改革进展、成效及展望》，《水利发展研究》2020 年第 10 期。

陈思羽、吕梦燕、毛赫等：《碳排放权及林业碳汇交易情况综述》，《吉林林业科技》2021 年第 5 期。

陈星星：《全球成熟碳排放权交易市场运行机制的经验启示》，《江汉学术》2022 年第 6 期。

陈占江：《乡村振兴的生态之维：逻辑与路径——基于浙江经验的观察与思考》，《中央民族大学学报》（哲学社会科学版）2018 年第 6 期。

邓海峰、陈英达：《"双碳"目标视域下的用能权权利属性分析》，《中国人口·资源与环境》2022 年第 4 期。

董朕、严佳慧、武婷婷等：《秦岭林业碳汇交易建设研究》，《湖北农业科学》2022 年第 13 期。

段海风、王娟：《习近平生态法治思想探析》，《时代法学》2021 年第

3 期。

高磊:《新形势下中国特色水权交易实践总结与发展对策》,《水利经济》
  2022 年第 2 期。

高晓龙等:《生态产品价值实现的政策工具探究》,《生态学报》2019 年第
  23 期。

高晓龙等:《生态产品价值实现研究进展》,《生态学报》2020 年第 1 期。

郭敏平、李梦晨、李洋:《我国林业碳汇交易发展探究》,《金融纵横》
  2022 年第 2 期。

郭苏豫:《数字金融赋能农业高质量发展策略研究》,《价格理论与实践》
  2021 年第 12 期。

郭永园:《理论创新与制度践行:习近平生态法治观论纲》,《探索》2019
  年第 4 期。

韩德军、杨光情、郑安民:《典型国家自然资源资产核算机制比较与中国
  化体系构建》,《财会通讯》2022 年第 19 期。

韩英夫、黄锡生:《论用能权的法理属性及其立法探索》,《理论与改革》
  2017 年第 4 期。

胡侠:《努力打造全国林业碳汇发展的"浙江样板"》,《浙江林业》2022
  年第 7 期。

黄克谦、蒋树瑛、陶莉等:《创新生态产品价值实现机制研究》,《开发性
  金融研究》2019 年第 4 期。

黄如良:《生态产品价值评估问题探讨》,《中国人口·资源与环境》2015
  年第 3 期。

黄祖辉等:《以"绿水青山就是金山银山"重要思想引领丘陵山区减贫与
  发展》,《农业经济问题》2017 年第 8 期。

季凯文等:《生态产品价值实现的浙江"丽水经验"》,《中国国情国力》
  2019 年第 2 期。

贾彦鹏:《我国林业碳汇市场发展现状、问题与对策建议》,《中国经贸导
  刊》2022 年第 8 期。

金铂皓等:《生态产品价值实现:内涵、路径和现实困境》,《中国国土资

源经济》2021年第3期。

靳乐山、朱凯宁：《从生态环境损害赔偿到生态补偿再到生态产品价值实现》，《环境保护》2020年第17期。

景晓栋、田贵良、蒋晓明：《金融属性视角的水权价值实现及增值机制研究》，《水利经济》2021年第6期。

兰菊萍、刘克勤、朱显岳：《生态资源资本化的演化逻辑、实践探索与战略指向》，《浙江农业科学》2020年第12期。

李红举、宇振荣、梁军等：《统一山水林田湖草生态保护修复标准体系研究》，《生态学报》2019年第23期。

李霞：《习近平总书记关于生态法治的重要论述及实现路径研究》，《重庆三峡学院学报》2021年第37期。

李彦军、宋舒雅：《"绿水青山就是金山银山"转化促进共同富裕的逻辑、机制与途径》，《中南民族大学学报》（人文社会科学版）2022年第10期。

李忠等：《长江经济带生态产品价值实现路径研究》，《宏观经济研究》2020年第1期。

刘伯恩：《生态产品价值实现机制的内涵、分类与制度框架》，《环境保护》2020年第13期。

刘超：《习近平法治思想的生态文明法治理论之法理创新》，《法学论坛》2021年第3期。

刘海霞、王萍：《生态文明视域下新型城镇化建设存在的问题及应对策略》，《中北大学学报》（社会科学版）2015年第5期。

刘明明：《论构建中国用能权交易体系的制度衔接之维》，《中国人口·资源与环境》2017年第10期。

刘某承、苏宁、伦飞等：《区域生态文明建设水平综合评估指标》，《生态学报》2014年第1期。

刘培林等：《共同富裕的内涵、实现路径与测度方法》，《新华文摘》2021年第23期。

刘悦忆、郑航、赵建世等：《中国水权交易研究进展综述》，《水利水电技术》2021 年第 8 期。

卢峰、顾光同、曹先磊等：《基于耦合效应的林业碳汇项目风险》，《林业科学》2022 年第 5 期。

吕忠梅：《习近平法治思想的生态文明法治理论》，《中国法学》2021 年第 1 期。

罗琼：《"绿水青山"转化为"金山银山"的实践探索、制约瓶颈与突破路径研究》，《理论学刊》2021 年第 2 期。

马涛：《依靠市场机制推动生态产品生产》，《中国证券报》2012 年第 A4 期。

莫纪宏：《论习近平新时代中国特色社会主义生态法治思想的特征》，《新疆师范大学学报》（哲学社会科学版）2018 年第 2 期。

倪琳、梁雨：《长江经济带"两山"实践成效测度及其时空演替》，《资源开发与市场》2022 年第 12 期。

欧阳志云、王如松：《生态系统服务功能、生态价值与可持续发展》，《可持续发展与生态学研究新进展》2000 年第 5 期。

欧阳志云等：《生态系统生产总值（GEP）核算研究——以浙江省丽水市为例》，《环境与可持续发展》2020 年第 6 期。

欧阳志云等：《中国陆地生态系统服务功能及其生态经济价值的初步研究》，《生态学报》1999 年第 5 期。

彭佳：《人与自然生命共同体理念的符号话语建构》，《新闻界》2022 年第 10 期。

丘水林等：《自然资源生态产品价值实现机制：一个机制复合体的分析框架》，《中国土地科学》2021 年第 1 期。

任平、刘经伟：《高质量绿色发展的理论内涵、评价标准与实现路径》，《内蒙古社会科学》2015 年第 9 期。

任晒：《林业碳汇交易法制化的困境与出路——以广东省为例》，《黑龙江生态工程职业学院学报》2022 年第 5 期。

上官新会、毛炜翔：《关于标准化支撑生态文明先行示范区建设的思考》，《质量探索》2016 年第 7 期。

申文金、刘敏、刘伯恩：《土地整理规划环境影响评价体系初探》，《中国国土资源经济》2009 年第 3 期。

沈满洪：《"绿水青山就是金山银山"理念的科学内涵及重大意义》，《智慧中国》2020 年第 8 期。

沈茂英，许金华：《生态产品概念、内涵与生态扶贫理论探究》，《四川林勘设计》2017 年第 1 期。

沈清基：《论基于生态文明的新型城镇化》，《城市规划学刊》2013 年第 1 期。

石敏俊、陈岭楠、林思佳：《"两山银行"与生态产业化》，《环境经济研究》2022 年第 1 期。

石敏俊等：《生态产品价值的实现路径与机制设计》，《环境经济研究》2021 年第 2 期。

孙博文等：《生态产品价值实现模式、关键问题及制度保障体系》，《生态经济》2021 年第 6 期。

孙崇洋等：《"绿水青山就是金山银山"实践成效评价指标体系构建与测算》，《环境科学研究》2020 年第 9 期。

孙庆刚、郭菊娥、安尼瓦东·阿木提：《生态产品供求机理一般性分析——兼论生态涵养区"富绿"同步的路径》，《中国人口·资源与环境》2015 年第 3 期。

孙维：《用能权交易的几点思考》，《浙江经济》2018 年第 4 期。

王国锋：《打造"绿水青山就是金山银山"的实践样板》，https：//zjnews.zjol.com.cn/system/2015/06/04/020682443.shtml，2022 年 3 月 26 日。

王金南、苏洁琼、万军：《"绿水青山就是金山银山"的理论内涵及其实现机制创新》，《环境保护》2017 年第 11 期。

王丽玮、张丽玮：《青山分外绿　金山银山来》，http：//zj.people.com.cn/GB/n2/2020/0723/c186327 –34177628.html，2022 年 3 月 26 日。

王连凤：《国际碳排放权交易体系现状及发展趋势》，《金融纵横》2022 年第 7 期。

王琪：《人与自然生命共同体的科学内涵与建构路径》，《杭州师范大学学报》2020 年第 2 期。

王文熹：《法政策学视角下用能权交易制度之实现进路》，《河南工业大学
　学报》（社会科学版）2021 年第 5 期。

王夏晖、刘桂环、华妍妍等：《基于自然的解决方案：推动气候变化应对
　与生物多样性保护协同增效》，《环境保护》2022 年第 8 期。

温铁军：《生态文明与比较视野下的乡村振兴战略》，《上海大学学报》
　（社会科学版）2018 年第 1 期。

吴文盛：《美丽中国理论研究综述：内涵解析、思想渊源与评价理论》，
　《当代经济管理》2019 年第 12 期。

席晶等：《基于市场机制深化生态保护补偿制度的改革思路》，《科技导报》
　2021 年第 14 期。

谢高地、肖玉、鲁春霞：《生态系统服务研究：进展、局限和基本范式》，
　《植物生态学报》2006 年第 2 期。

徐嵩龄：《生态资源破坏经济损失计量中概念和方法的规范化》，《自然资
　源学报》1997 年第 2 期。

徐卫华等：《区域生态承载力预警评估方法及案例研究》，《地理科学进展》
　2017 年第 3 期。

姚震、周鑫：《国土资源领域生态文明建设面临的问题及对策》，《资源与
　产业》2014 年第 1 期。

殷斯霞等：《金融服务生态产品价值实现的实践与思考》，《浙江金融》
　2021 年第 4 期。

应珊婷、陆芹柳、姚晗珺等：《标准化在国家公园体制建设中的应用探
　讨——以浙江省开化钱江源国家公园为例究》，《标准科学》2018 年第
　3 期。

于贵瑞、朱剑兴、徐丽等：《中国生态系统碳汇功能提升的技术途径：基
　于自然解决方案》，《中国科学院院刊》2022 年第 4 期。

于天宇、李桂花：《习近平关于"人与自然是生命共同体"的重要论述研
　究：渊源、内涵及实践价值》，《南京社会科学》2019 年第 5 期。

于文轩、胡泽弘：《习近平法治思想的生态文明法治理论之理念溯源与实

践路径》，《法学论坛》2021 年第 36 期。

于振英：《基于公平互惠的全民所有自然资源资产所有权委托代理激励机制分析》，《当代经济管理》2023 年第 1 期。

虞慧怡、张林波、李岱青等：《生态产品价值实现的国内外实践经验与启示》，《环境科学研究》2020 年第 3 期。

虞慧怡等：《生态产品价值实现的国内外实践经验与启示》，《环境科学研究》2020 年第 3 期。

曾维翰：《"双碳"背景下完善中国碳排放权交易体系研究》，《福建金融》2021 年第 11 期。

曾贤刚、虞慧怡、谢芳：《生态产品的概念、分类及其市场化供给机制》，《中国人口·资源与环境》2014 年第 7 期。

张进：《华北地区农业资源环境与经济增长协调性分析》，《中国农业资源与区划》2020 年第 4 期。

张进财：《新时代背景下推进国家生态环境治理体系现代化建设的思考》，《新华文摘》2022 年第 1 期。

张林、温涛：《数字普惠金融如何影响农村产业融合发展》，《中国农村经济》2022 年第 7 期。

张林波、虞慧怡、郝超志等：《生态产品概念再定义及其内涵辨析》，《环境科学研究》2021 年第 3 期。

张林波、虞慧怡、李岱青等：《生态产品内涵与其价值实现途径》，《农业机械学报》2019 年第 6 期。

张林波等：《国内外生态产品价值实现的实践模式与路径》，《环境科学研究》2021 年第 6 期。

赵景柱、肖寒、吴刚：《生态系统服务的物质量与价值量评价方法的比较分析》，《应用生态学报》2000 年第 2 期。

赵晓宇、李超：《"生态银行"的国际经验与启示——以美国湿地缓解银行为例》，《资源导刊》2020 年第 6 期。

赵政等：《美国生态产品价值实现机制相关经验及借鉴》，《国土资源情报》2019 年第 9 期。

赵子军、郏文聚：《加强标准化工作 推动高质量发展》，《中国标准化》2019 年第 1 期。

周谷平等：《"绿水青山就是金山银山"理念促进区域协调发展的三重路径与要素支撑》，《浙江大学学报》（人文社会科学版）2021 年第 11 期。

周娟、计勇、张洁等：《江西省水生态文明制度体系建设实践及探讨》，《人民珠江》2019 年第 10 期。

周纳、唐微风、欧阳胜银：《农村绿色发展水平测度及其金融驱动因素分析》，《统计与决策》2022 年第 17 期。

朱久兴：《关于生态产品有关问题的几点思考》，《浙江经济》2008 年第 14 期。

朱乾宇、樊文翔、钟真：《从"水土不服"到"入乡随俗"：农村合作金融发展的中国路径》，《农业经济问题》2023 年第 3 期。

邹佳敏、李建中、禹慧琴、乔金笛、廖文梅：《生态公益林生态系统服务价值评估研究——以江西省为例》2022 年第 5 期。

于丛丛：《我国生态文明建设的法治问题研究》，硕士学位论文，山东农业大学，2012 年。

二 外文文献

Chris Ansell, Alison Gash, "Collaborative Governance in Theory and Practice", *Journal of Public Administration Research and Theory*, Vol. 18, No. 4, 2008.

Constanza R., *Follcec, Valuing Ecosystem Services with Efficiency, Fairness and Sustainability as Goal, Dailygc. Nature's services: Societal Dependence on Natural Ecosystem*, Washington, D. C.: Island Press, 1997.

Kirk Emerson, Tina Nabatchi, Stephen Balogh, "An Integrative Framework for Collaborative Governance", *Journal of Public Administration Research and Theory*, Vol. 22, No. 1, 2011.

Larisa A. Apanasyuk, et al., "Factors and Conditions of Student Environmental Culture Forming in the System of Ecological Education", *Ekoloji*, Vol. 28,

No. 107，2019.

Marston L.，Cai X.，"An Overview of Water Reallocation and the Barriers to Its Implementation"，*WIREs Water*，Vol. 3，2016.

Tao Ma，M. Q. Chen，C. J. Wang，et al.，"Study on the Environment-Re-source-Economy Comprehensive Efficiency Evaluation of the Biohydrogen Pro-duction Technology"，*International Journal of Hydrogen Energy*，No. 38，2013.

后　记

　　"生态产品价值实现丽水样本"是丽水市发展和改革委员会委托中国（丽水）两山学院完成的科研项目，两山学院组织研究团队开展工作。具体分工：刘克勤研究员完成项目框架设计、序言和后记的写作，同时通读全文，为第一读者；代琳副研究员完成第一部分（路径拓宽），并全书统稿；兰菊萍副教授完成第二部分（机制创新）；刘克勤研究员、赵慧昕博士共同完成第三部分（模式输出）；李泰君副教授完成第四部分（功能拓展）；王莹莹博士完成第五部分（标准创设）；吴艳梅博士完成第六部分（司法护航）；高树昱副教授完成第七部分（文化赋能）。

　　本书的成型得益于众多前辈和同行学者的研究成果，得益于同行专家的建议和业内的例证，得益于领导的高度重视和大力支持，更得益于相关部门单位及全体编写组成员的密切通力配合。在讨论写作框架及编写的过程中，丽水市发改委党组副书记、市大花园建设发展中心主任张春根、生态经济处蔡秦处长、赖方军副处长给予大力支持和协助指导。多次共同讨论、指导写作；在经典案例编写基础框架引用方面，感谢《生态产品价值实现机制丽水实践典型案例集》编写组。借此机会，在此一并致谢！

　　书稿完成时，接到市委宣传部的通知，浙江卫视要做一档节目《中国共产党为什么能？而今迈步从头越》，市委宣传部要求我接受访谈。主题是"浙江丽水：高质量绿色发展"，嘉宾有刘克勤、谭荣（浙江大学管理学院副院长），主持为付琳（浙江卫视）、万睿（丽水电视台），在党的二十大召开前后播出，大约半小时。

付琳：的确，刚才观看我们的航拍画面，我也深有感触。十年间，丽水的气质正在发生变化。两位会怎么看丽水过去十年所取得的这些成就呢？

刘克勤：丽水气质，十年成就"绿野仙踪到绿富美"。"秀山丽水、天生丽质""绿野仙踪""中国山水画的实景地"，老、少、洋、富是我们的概括。用绿富美来谈气质，绿指生态是丽水最大发展优势，好山好水好空气"三好生"，践行"绿水青山就是金山银山"发展理念，开展生态产品价值实现试点，点绿成金；富主要指经济指标实现倍增，GDP、工业增加值为2.3，城镇居民收入为2.4，农村居民2.8，连续13年增幅全省第1名；美是指美丽环境带来美丽经济、美好生活，"一带三区"建设，城乡环境美丽宜居，遂昌王村口红色乡村振兴、松阳四都乡传统村落保护与复活、莲都古堰画乡未来乡村培育，美丽中国先行示范，物质富裕、精神富有、生态富足的浙江大花园最美核心区正在形成。

付琳：真的是好山好水好风光。刘院长，刚才万睿介绍了很多生态金字名片，除了片子里面提到的生态修复，丽水还有什么样的探索呢？

刘克勤：生态金名片探索。以生态产品价值实现国家级试点示范为主抓手，在全国率先制定实施生态文明建设纲要，高标准打好"蓝天、碧水、净土、清废"四大治理攻坚战，全力创建丽水国家公园，打造诗画浙江大花园最美核心区，打造万山滴翠、层林尽染、鱼翔浅底、繁星闪烁的最美生态，"绿起来""美起来""清起来"。一是优化空间布局"护"生态。丽水是大花园建设标准制定者、实践地、示范区，220公里百山祖国家公园公路环线、600公里"一带三区"市域普通国道公路环线，一条条美丽经济交通走廊镶嵌于绿水青山之间，与山水田园、城镇乡村和谐共生，形成了一道道"车在景中行，人在画中游"的亮丽风景线。二是创建国家公园"优"生态。百山祖国家公园设立标准试验区（GEP旗帜性典范），全面打造大花园建设美丽载体，包括美丽乡村、美丽田园、美丽河湖、美丽城市、美丽园区和美丽林相，等等。三是升级美丽城乡"活"生态。大搬快聚富民安居，打造现代版"丽水山居图"，如画乡莲都、剑瓷龙泉、石都侨乡、童话云和、廊桥菇乡、黄帝仙都、田园松阳、畲乡景宁等特色主题大花园。

付琳：丽水人真的是把靠山吃山、靠水吃水发挥到了极致。作为全国首个生态产品价值实现机制试点市，如今，丽水已经从先行试点迈向先验示范，实现了 GEP 到 GDP 双增长。这中间，还有什么探索呢？

刘克勤："绿水青山就是金山银山"发展理念的探索。坚持绿水青山就是金山银山、人与自然和谐共生的"两山"发展理念。五大新发展理念排序中，丽水更突出高质量绿色发展。丽水模式是生态＋跨越式高质量发展，高质量绿色发展的根本落脚点是发展，前提是绿色。绿色发展的核心要义是实现人与自然和谐共生，协调好经济发展与环境保护的关系。发展与高消耗、高破坏脱钩，"金饭碗"不能成为"泥饭碗"；发展与循环经济、低碳经济挂钩，围绕资源节约、循环发展培植新的经济增长点。2013 年开始，浙江省对丽水市"不考核 GDP、不考核工业增加值"。十年间，为更好地保护最美生态，丽水市通过生态修复、生态惩戒、生态教育、生态宣传等措施，坚定不移走绿色生态发展之路，坚守生态底线始终是丽水一切工作的基本前提，如司法护航。

付琳：做足山水文章，生态转化，点绿成金，丽水农民收入增速连续 13 年位居浙江省第一。从"绿起来"到"富起来"，丽水样本能带给我们什么样的启示呢？

刘克勤：GDP/GEP 探索，生态产品价值实现机制国家级试点和示范，不断拓宽绿水青山转化为金山银山的路径。生态系统生态总值 GEP，生态价值算出来、用出去、管起来，GDP/GEP 双核算、双考核、可复制、可推广，实现可循环、可持续。比如景宁县大均乡，生态产品、生态核算、生态指标等系统化、制度化、规范化探索生态产品价值实现机制，把生态产品的盈余和增量部分转化为 GDP。我们正在构建生态产品价值传递中人与自然的物质变换和能量流动闭环：生态资源、生态资产、生态资本、生态产品。如生态资产山水林田湖草本底调查和资产确权；GEP核算国家标准、中办国办颁布了《关于建立健全生态产品价值实现机制的意见》等，丽水元素满满。接下来的实践和研究重点是从产品直供到模式创供（标准创设、功能拓展、路径拓宽、机制创新）。

付琳：中国芯，丽水造，不简单。这里特别想请教一下刘院长，为什么会有这么多芯片相关企业选择在丽水落户呢？您有什么样的观察？

刘克勤：芯片观察体现生态工业的优先选项。芯片是环境敏感型的生态优质工业，小小芯片的背后是丽水以创新引领生态工业平台二次创业，打造"万亩千亿"高能级产业战略平台的行动。作为高质量绿色发展的突破口，丽水市迎接国家集成电路产业新风口，抢抓新兴产业风口，更考虑到亩均效益高、运输成本低、环境友好型的产业特点与自身条件的适配性，而企业看重的则是丽水优质的生态、优惠的政策和优越的营商环境。2022年，丽水迎来首个百亿级重大制造业项目——东旭高端光电半导体材料项目。至此，丽水经开区已先后引进中欣晶圆、晶睿电子、江丰电子等22家相关企业，"半导体全链条"产业成为丽水五大支柱产业，变不可能为可能。

付琳：一个山区市，选择拥抱工业，如今看来也不是梦想。这中间，走的是一条什么样的道路呢？

刘克勤：山区生态工业化道路探索，创新引领建设现代化生态经济体系道路，运用创新引领、跨山统筹、问海借力"三把金钥匙"，探索科技与生态经济结合的新路径。两条主要路径为：一是产业生态化，基于生态文明建设要求，通过技术创新、组织创新、模式创新迭代升级旧产业，如革基布到时尚产业；二是生态产业化，立足优良的生态资源禀赋和生态环境条件，利用新技术孵化新产品、新业态、新模式，如芯中心为主的现代工业研发中心建设，真正走"生态立市、工业强市"道路，实现绿起来、富起来、强起来。

付琳：十年沧桑巨变，而今迈步从头越。对于丽水接下来的发

展，大家又有什么期待呢？

刘克勤：我期待"三生融合红绿金，共同富裕看丽水"。以"丽水之干"担纲"丽水之赞"，实现"三个跃迁"，即生产发展从要素驱动到创新驱动跃迁；生活富裕从全面小康到共同富裕跃迁；生态良好从生态保护到金生丽水跃迁。我们期待高水平生态文明高质量绿色发展"重要窗口"的革命老区共同富裕先行示范区取得更大成就，期待绿水青山与共同富裕相得益彰的社会主义现代化新丽水尽快建成。

付琳：十年栉风沐雨，十年砥砺前行。

万睿：十年奋斗铸辉煌，而今迈步从头越。

万睿：十年来，丽水坚持创新实践"绿水青山就是金山银山"的理念，走出了一条高质量绿色发展之路。

付琳：今天的丽水，正不断勾勒出共同富裕美好社会山区样板——"看得见风景""握得住幸福""托得起梦想"，秀山丽水焕发出勃勃生机。

付琳：谢谢各位带来的分享。十年砥砺奋进，奋斗铸就辉煌。过去十年，丽水创新运用跨山统筹、创新引领、问海借力"三把金钥匙"，在创新实践"绿水青山就是金山银山"理念的成功探索中开辟了高质量绿色发展新路。

万睿：干在实处，永无止境。未来，丽水将继续以"丽水之干"担纲"丽水之赞"，永做跨越式高质量发展道路上奋勇向前的新时代"挺进师"。

访谈的主题用"非凡十年丽水巨变"来概括，丽水的十年更是生态产品价值实现的高质量绿色发展，是生态优先保护为主、人与自然和谐共生的发展、这就是我们正在总结的生态产品价值实现"丽水样本"。探索、摸索、"无人区"，不一定科学、准确，请同事们批评！

刘克勤

2023 年 10 月 6 日

于中国（丽水）两山学院学术研讨室